Territoires de la Géographie

Collection dirigée par Jean-Marie Miossec

Science de l'homme dans son milieu, science de la localisation, la géographie décrypte les relations des sociétés et de leur environnement, le rôle de l'étendue et de la distance dans l'organisation de l'espace. Elle se préoccupe de l'action humaine dans les modifications de son oekoumène et de la réactivité des sociétés et de leurs optimisations spatiales face aux aléas et aux conflits. Tous les champs spatialisés sont de sa compétence. Ils sont inventoriés dans le jeu multiscalaire auquel sont désormais soumis toute société et tout individu, du global au local. C'est sur la qualité de l'entrecroisement de ces échelons et la capacité des protagonistes à en accroitre l'efficience que repose l'amélioration ou l'altération des cadres de vie et de la gouvernance des territoires et des ressources.

Destinée à un public d'universitaires, de chercheurs, d'étudiants, de professionnels de l'aménagement et au public éclairé, la collection *Territoires de la Géographie* est ouverte à tout type de production inédite : ouvrage, thèse et rapport de synthèse d'habilitation à diriger des recherches, actes de colloque, synthèse de programme de recherche… L'ambition de cette collection est de livrer aux lecteurs des clés de l'explication du monde actuel et en devenir, dans sa complexité, sa diversité et ses nuances qui, seules, le rendent vivable et viable.

Déjà parus

Jean-Marie MIOSSEC, *Le conteneur et la nouvelle géographie des océans et des rivages de la mer, Dans le sillage de la CMA CGM,* 2016.
Fadila KETTAF, *La fabrique des espaces publics en Algérie. Les places dans la ville d'Oran (conceptions, formes et usages),* 2019.
Amadou DIOP & Monique GHERARDI (dir.), *Rivages et horizons. Hommages au géographe Jean-Marie Miossec,* 2019.
Bouh OMAR ALI, *Risques naturels et développement en Afrique de l'est (région de l'IGAD),* 2021.
Pompei COCEAN, *La Roumanie au début du troisième millénaire*, 2021.
Jean-Marie MIOSSEC, *Le risque passage maritime resserré, détroits et canaux.* Ad augusta per angusta, 2022.
Moulay Abdelouahed OUFKIR, *L'émergence du pays du Guir (Maroc). Changements socio-économiques et recompositions territoriales dans un bassin présaharien,* 2023.
Tahar KHARCHI, *Mobilité, transport et organisation de l'espace dans la métropole de Montpellier. Modélisation à partir des données de téléphonie mobile et d'accessibilité des scolaires,* 2023.

Paradoxes et contradictions de l’abondance énergétique

L’exemple norvégien

5-7, rue de l'École-Polytechnique, 75005 Paris

http://www.editions-harmattan.fr

ISBN : 978-2-336-48133-3
EAN : 9782336481333

Jacques Guillaume

Paradoxes et contradictions de l'abondance énergétique

L'exemple norvégien

L'Harmattan

Du même auteur :

Guillaume J., 2022. *La Norvège, un pays prospère aux marges de l'Europe*, sur compte d'auteur.
Guillaume J. dir. 2015. *Espaces maritimes et territoires marins*, Paris, Ellipses.
Guillaume J., dir. 2008. *Les transports maritimes dans la mondialisation*, Paris, L'Harmattan.
Guillaume J., 2007. *La France dans l'Union européenne*, Paris, Belin.
Halgand M.-P. et Guillaume J., 2007. *La Basse-Loire, une histoire industrielle*, Nantes, éditions Memo.

Avant-propos

Y aurait-il du carbone dans le bénitier norvégien ? La formule peut sembler ironique mais elle est une sorte de clin d'œil à « la vocation messianique » des Norvégiens à vouloir sauver le Monde, pour reprendre une expression d'un ancien diplomate, Thorvald Stoltenberg. Les Norvégiens, dans une posture luthérienne dont ils ne dérogent pas tout à fait, se font en effet les chantres de la protection environnementale et de la promotion d'un humanisme se déclinant sous la forme d'une aide substantielle aux pays les plus démunis. Ils en tirent une légitime fierté, mais des doutes taraudent depuis quelques années une partie de la population sur les réalités environnementales des productions d'hydrocarbures soutirées du plateau continental. Car les émissions de gaz à effet de serre, qu'elles soient directement liées à l'extraction, ou qu'elles soient exportées chez les consommateurs étrangers, participent activement au réchauffement climatique planétaire. Bien sûr, cette participation active doit être mise à sa vraie place, dans un Monde où la mobilisation énergétique a doublé en près de 40 ans (1980-2020), la Norvège ne prenant qu'une faible part de cette mobilisation (1,5%). Mais le doublement de l'effort mondial repose surtout sur les énergies fossiles qui représentent 80% de l'énergie mobilisée (avec un tassement relatif du pétrole, compensé par une hausse du gaz naturel, le charbon restant à peu près stable en valeur relative). La Norvège s'inscrit donc dans ce contexte éminemment favorable pour ses exportations hydrocarbonées mais plus inquiétant pour l'avenir des climats de la Terre. Pour ce petit pays qui ne représente que 0,06% de la population mondiale, la richesse est-elle donc acquise au prix d'une dégradation de l'environnement ? La réponse ne peut plus être escamotée, même si elle place la Norvège devant ses paradoxes et ses contradictions.

Cette situation est d'autant plus lourde à porter que le pays avait semblé surmonter en tous points les risques socio-économiques inhérents à la production pétrolière. Présenté souvent comme une malédiction, le pétrole n'apportant que la misère, la guerre, la laideur, bref, un monde misérable, pour paraphraser ce que peut en dire Jean Giraudoux au travers de son personnage principal de *La Folle de Chaillot*, le pétrole (et le gaz) furent au contraire pour la Norvège l'occasion d'accélérer et de consolider son développement économique, grâce à une politique prudente et exigeante, instruite par un long passé d'ouverture au Monde et par la mémoire d'une histoire dont les points de départ au XIXe siècle n'étaient guère brillants. Car la Norvège de l'époque, peu urbanisée et faiblement industrialisée, fut longtemps à la traîne de l'Europe, en subissant l'hémorragie d'une émigration massive, l'économie étant dans l'incapacité de retenir une population pourtant de faible volume. Le pays, entravé dans sa liberté de mouvement par sa dépendance à l'égard du Danemark, puis de la Suède, n'a recouvré sa pleine liberté qu'en 1905. Depuis, les Norvégiens ont trouvé leur voie, en jonglant à la fois sur les besoins du Monde (bois, produits halieutiques, chimiques et métallurgiques, services du transport maritime) et sur leurs abondantes ressources, en hydroélectricité notamment. Fiers du chemin parcouru mais gardant en tête leurs origines d'« anciens pauvres », les Norvégiens disposent aujourd'hui de l'un des PIB par habitant les plus élevés au monde et ils se trouvent propulsés aux premiers rangs des indices de développement humain. Et même si certains les qualifient avec quelque envie d'« émirs aux yeux bleus », ils restent à cent lieues des comportements des « nouveaux riches », ceux qui dépensent sans compter et sans se soucier des temps à venir.

Les questions qui se posent aujourd'hui sont donc à la fois cruciales et existentielles. Elles sont cruciales parce que les hydrocarbures occupent une place essentielle dans les grands agrégats de l'économie nationale. Elles sont existentielles parce qu'elles touchent à l'identité même de la Nation qui se croit au plus près de la Nature, alors qu'elle repose sur des bases qui contribuent partiellement à détruire cette Nature. Il est d'ailleurs assez curieux de constater que les questions énergétiques ont longtemps dépendu d'un ministère qui s'intitulait lui-même, ministère du pétrole ET de l'énergie, comme si le pétrole était une excroissance étrangère et presque inavouable des questions énergétiques proprement norvégienne [1]. S'agrège aujourd'hui à ce registre existentiel d'ordre environnemental, une dimension géopolitique avec la crise née de la guerre entre la Russie et l'Ukraine. Car l'Union européenne souhaite se défaire de sa dépendance envers le gaz russe, ce qui place la Norvège au cœur d'enjeux géopolitiques qui la dépassent très largement. Hors de l'Union européenne tout en étant membre de l'Espace Économique Européen, le pays est bien sous la pression de ses voisins et de leurs besoins d'énergie [2].

Notes

[1] Le ministère en cause a toutefois été renommé ministère de l'énergie (*energidepartementet*) depuis le 1er janvier 2024. Simple volonté de faire du neuf ou désir plus profond de mieux intégrer tous les pans des ressources énergétiques dans les stratégies des politiques économiques du pays ? De même, l'administration des hydrocarbures (*oljedirektoratet*), basée à Stavanger, a changé de nom pour devenir *sokkeldirektoratet* (administration du plateau continental). On ne

privilégie donc plus un type de ressources, mais un espace disposant de multiples ressources.

[2] Signe tangible de ces enjeux géopolitiques, le gazoduc Baltic Pipe a été mis en service à la fin de l'année 2022 pour ravitailler la Pologne depuis les champs gaziers norvégiens. Dès 2019, la Pologne avait annoncé son désir de s'affranchir des contrats qu'elle avait conclus avec le russe Gazprom, alors que ces contrats lui assuraient à l'époque les deux tiers de ses besoins en gaz.

Introduction

La Norvège est une terre de paradoxes. Pétrie de développement durable, souvent citée en exemple en matière de protection environnementale, elle est aussi l'un des plus importants pourvoyeurs d'énergie carbonée de la planète, depuis la découverte inattendue d'hydrocarbures dans le sous-sol de son plateau continental dès la fin des années 1960. Elle est le neuvième producteur mondial de gaz naturel et son quatrième exportateur en 2021, au point de donner l'impression d'exploiter sans retenue ses richesses naturelles et de participer ainsi, indirectement mais de manière indubitable, à l'« empoisonnement » de l'atmosphère terrestre, par les rejets de gaz à effet de serre de ses principaux clients. Tous modes confondus, la production norvégienne d'hydrocarbures a dépassé pour la première fois de son histoire les 200 millions de m^3 équivalents pétrole en 1996 et depuis, elle se maintient entre 200 et 250 millions de m^3 (avec une pointe record d'un peu plus de 264 millions de m^3 en 2004), le gaz prenant progressivement le pas sur le pétrole dans le résultat final. Cette production est évidemment sans commune mesure avec les besoins effectifs de l'économie « domestique » du pays. Nous touchons ici à la contradiction profonde entre les intentions éthiques officiellement proclamées de l'État norvégien et les réalités objectives de ses orientations économiques, puisque la part des exportations des hydrocarbures dans les exportations totales de marchandises n'a cessé de grandir pour atteindre même, dans les circonstances certes très particulières de la guerre entre la Russie et l'Ukraine, près de 70% en 2022 (fig.1) ! Cette contradiction est en apparence suffisamment caractérisée pour que ses détracteurs la dénoncent ouvertement par le biais de plaintes contre l'État, comme cela s'est vu en 2017 de la part de *Greenpeace Nordic* et de l'association *Natur og Ungdom* auprès des instances judiciaires d'Oslo. Accorder des licences de prospection en mer de Barents semblait aux plaignants en totale contradiction avec les engagements de l'État dans le cadre des Accords de Paris (Cop 21) et avec la Constitution norvégienne, en ce sens qu'elle stipule depuis 1992 que « toute personne a droit à un environnement salubre, ainsi qu'à un milieu naturel dont sont préservées la capacité de production et la diversité ». Les arguments n'ont finalement pas convaincu les juges, la Cour suprême confirmant les jugements des instances inférieures au motif que la Constitution ne pouvait être invoquée qu'au seul cas où l'État échouait à endosser ses responsabilités environnementales et climatiques, l'attribution de nouvelles licences ne représentant pas de risques réels et immédiats pour la vie humaine. Mais il n'en est pas moins vrai que ce pointage très médiatisé des paradoxes énergétiques du pays interpelle largement et nous pousse à y regarder de plus près [3].

La curiosité est d'autant plus aiguisée que la Norvège n'avait finalement guère besoin des hydrocarbures pour accéder au développement économique. Certes, ces derniers ont représenté un accélérateur de croissance, mais ils n'ont pas été les déclencheurs du développement. « Il serait faux de croire, comme on l'imagine parfois, que les hydrocarbures, ce cadeau tombé du ciel et jailli des profondeurs, avaient soudainement enrichi un pays qui végétait jusqu'alors dans les brumes boréales. En fait, à la fin des années 1960, l'économie norvégienne était déjà très florissante. Alors qu'en 1920, la Norvège était toujours à la traîne de l'Europe occidentale, elle figurait en 1970 parmi les dix premiers pays du Monde pour le PNB par habitant », écrivait déjà en 2013, Eric Eydoux, l'un des plus fins connaisseurs français de ce pays (*in* Pedersen et Bakke).

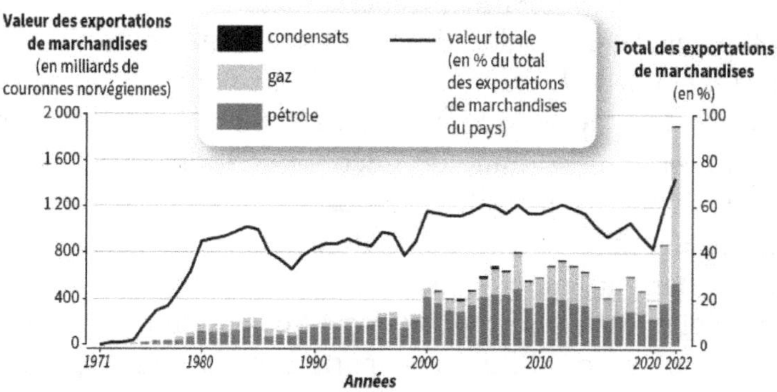

Figure 1. Évolution de la valeur des exportations de pétrole , de gaz, de condensats en milliards de couronnes norvégiennes et en % de la valeur de toutes les exportations de marchandises. Réalisation : S. Charrier, université de Nantes. Source : norskpetroleum.no

Cette situation flatteuse est en fait l'héritage d'habiles politiques inspirées par les libéraux de la « percée moderne » après le retour à la pleine indépendance acquise en 1905 aux dépens de la Suède. Elles ont été relayées par de longues décennies travaillistes, pendant lesquelles pragmatisme et égalitarisme ont joué à plein pour coordonner au mieux les intérêts des secteurs économiques « exposés », productifs, ouverts sur le monde et liés à des ressources nationales abondantes, avec ceux des secteurs « abrités », nettement moins performants, mais tellement nécessaires à la promotion de la population (Battail et *al.*, 1992). Et parmi ces ressources abondantes, il faut évoquer l'hydroélectricité, pilier de la révolution industrielle du pays. Sa production, encore limitée à une dizaine de milliards de kWh avant la Seconde Guerre mondiale, a été multipliée par trois jusqu'à l'aube des années 1960 pour atteindre même près de 143,7 milliards en 2021, soit plus des neuf dixièmes de la production nationale d'électricité et des quatre dixièmes de la consommation d'énergie primaire.

On rejoint ici l'idée d'une « transition-rupture », telle que l'entend K. Duruisseau (2014), à savoir une mutation radicale des moyens énergétiques s'accompagnant d'une transformation profonde de l'économie globale. Dans son genre, cette « transition-rupture » fut pionnière en Norvège, puisqu'elle s'est traduite dès le début du XXe siècle par la mobilisation de ressources propres et renouvelables. Ce sont précisément ces ressources dont se réclament aujourd'hui les partisans de la transition énergétique, telle qu'elle est formulée dans la littérature spécialisée, le système fondé sur des stocks d'énergie carbonée devant progressivement céder la place à un système lié à la capture de flux renouvelables. Or la Norvège, après avoir été l'un des premiers États à répondre à de telles exigences, semble évoluer à rebours, avec l'avènement de son économie carbonée, même s'il faut bien faire la distinction en la matière entre les besoins spécifiques de l'économie domestique et la production globale d'énergie, largement tournée vers les besoins du monde extérieur. C'est un premier paradoxe qu'il convient de souligner.

On peut évidemment s'interroger sur cette constance à vouloir exploiter de telles ressources carbonées, alors qu'elles ne sont pas fondamentalement nécessaires pour assurer l'existence de l'économie domestique. Est-ce lié à des raisons profondément enracinées dans le système énergétique mondial, sérieusement perturbé par des crises successives, la dernière en date étant la crise russo-ukrainienne ? Ou faudrait-il plutôt évoquer les intérêts d'une technostructure, faite d'outils, de capitaux et d'emplois qui se sont progressivement enracinés dans l'économie et le territoire norvégiens, au point de dépasser le cadre strict de la production énergétique pour déborder sur des enjeux plus globaux ?

Nous voulons notamment évoquer la puissance du *shipping* national dont l'*offshore* est devenu l'un des vases d'expansion privilégiés et plus largement le redéploiement d'importants secteurs de l'industrie aspirés par la haute technologie et les besoins pressants des opérateurs pétroliers. À titre informatif, on peut estimer que 66 000 personnes étaient directement employées dans l'*offshore* en 2014 (dans l'extraction, l'administration publique et privée, les services associés), contre 20 000 seulement en 1985 et pratiquement rien au début des années 1970. En s'intéressant plus largement à toutes les entreprises impliquées directement ou indirectement dans l'*offshore*, on atteint le nombre de 163 000 en 2019 (195 000 personnes en 2015), selon les sources du *Statistikk Sentralbyrå* (SSB). D'autres sources vont encore plus loin dans leur estimation, jusqu'à 330 000 personnes (186 000 en emplois directs et 144 000 en emplois indirects). Le *Samfunns og Naeringlivsforksning* parle quant à lui de 111 300 emplois directs en 2017 dont 25 300 dans les compagnies pétrolières (51 entreprises) et 86 000 chez les fournisseurs de services et de matériels industriels (1 961 entreprises). Tous ces nombres sont évidemment très impressionnants pour un pays dont la population active n'atteint même pas les trois millions de personnes. Ils témoignent en tout cas du poids social et économique de l'énergie carbonée, au point qu'il est légitime de se demander si cette énergie pèse plus par ses effets technostructurels directs et indirects que par sa valeur intrinsèque. Défendre les hydrocarbures dans ce pays développé, c'est surtout défendre des moyens de haute technologie et des services très spécialisés. C'est, sous-jacent, un deuxième paradoxe qu'il convient d'aborder, surtout dans le contexte d'une sensible désindustrialisation du pays depuis le début des années 1980 qui, fatalement, pousse la Norvège à consommer moins d'énergie pour ses propres besoins.

Il n'en est pas moins vrai que cette technostructure, si complexe soit-elle, repose d'abord sur l'exploitation de la Nature. Elle l'exploite de manière irrémédiable puisque les réserves exploitables se réduisent inexorablement, même si les savoir-faire technologiques permettent l'accès à des ressources de plus en plus profondes. Au total, les réserves norvégiennes sont modestes à l'échelle mondiale (0,5% des réserves de pétrole et 0,9% pour le gaz), bien inférieures en tout cas à la part occupée par le pays dans la production mondiale (2% pour le pétrole et 3,3% pour le gaz). La Norvège est en effet à ranger dans la série des producteurs à cycle court qui doivent rentabiliser rapidement les investissements lourds injectés pour accéder à la ressource [4]. Par ailleurs, l'exploitation dégrade la Nature par ses émissions de perturbateurs divers, au premier rang desquels il faut citer d'importants dégagements de gaz à effet de serre (14,6 millions de tonnes en équivalent CO_2 en 2017, soit 28% des émissions nationales). Ces émissions, malgré toutes les mesures de prévention prises, sont en augmentation depuis le début de l'aventure *offshore* (3,4 millions de tonnes seulement en 1980), contribuant à peser sur les médiocres résultats globaux du pays. Alors que les émissions étaient estimées à 50,4 millions de tonnes eq. CO_2 en 1990, elles ont atteint un maximum en 2007 (56 millions de tonnes) pour diminuer légèrement depuis (un peu plus de 52 millions de tonnes émises en 2017). Ce bilan assez médiocre interpelle sur la qualité de l'environnement de la société norvégienne. Il est surtout en contradiction avec les objectifs affichés par les pouvoirs publics. En effet, la Norvège s'était engagée dans le cadre du protocole de Kyoto [5] à ramener ses émissions au cours de la période 2008-2012 à la hauteur de celles de 1990. Il lui semblait possible d'atteindre la neutralité carbone en 2050. En 2016, devant la modestie des résultats obtenus, le gouvernement norvégien s'est montré plus ambitieux. Dans un livre blanc sur la politique énergétique à l'horizon 2030, l'objectif de la neutralité carbone était ramené à 2030, ce qui supposait une réduction de 40% des émissions par rapport à celles de 1990. Cet objectif est-il réellement tenable ? Il faut l'espérer mais on peut en douter.

On peut surtout s'interroger sur les effets réels de l'affichage de la Norvège pour la protection du climat et plus globalement sur ce qu'elle entend réellement derrière le thème du développement durable, dont elle est pourtant plus ou moins directement à l'origine, puisque le concept est sorti des travaux de la Commission des Nations unies sur l'Environnement et le Développement présidée par la Norvégienne Gro Harlem Brundtland, publiés en 1987 sous le titre *Our Common Future (Notre avenir commun).* Ce concept qui cherche l'équilibre harmonieux entre l'environnement, le développement économique et l'épanouissement social, a été décliné en Norvège par la mise en forme d'une stratégie nationale en 2002, structurée autour de sept domaines prioritaires et de cinq principes d'action [6]. Mais sont-ils réellement pertinents, dès lors qu'une bonne part de la richesse nationale repose sur l'exploitation de la Nature, avec des perturbations insidieuses et surtout des risques d'accidents liés à des aléas technologiques dont la survenue serait susceptible de provoquer des dégâts irrémédiables ? En d'autres termes, l'exploitation de la Nature est-elle conciliable avec la protection de l'environnement ? C'est un troisième paradoxe, plus radical encore que les précédents, et que l'on doit apprécier en toute objectivité. Il était déjà identifié dès les premières lignes du rapport sur la Norvège publié en 2017 par l'Agence Internationale de l'Énergie (IEA) : « *Norway continues to have an unique twin role as a major oil and gas producer and a strong global advocate of climate change mitigation* » (« La Norvège continue d'avoir un double rôle exceptionnel de productrice de pétrole et de gaz et d'avocate de la modération du changement climatique ») On ne saurait mieux résumer le grand écart auquel s'astreint le pays !

Notes

[3] Les plaignants n'ont pas désarmé pour autant. Ainsi, le tribunal d'Oslo s'est prononcé le 18 janvier 2024, à la suite d'une plainte de *Greenpeace Nordic* et de l'association *Natur og Ungdom*, pour l'invalidation de trois permis octroyés pour les champs de Breidablikk, Tyrving et Yggdrasil, au motif qu'une étude sur les impacts climatiques de leur exploitation n'avait pas été réalisée. C'est une victoire importante pour les deux organisations qui avaient porté plainte contre l'État en juin 2023. L'arrêt du tribunal est suspensif, tant que les études ne seront pas effectuées. C'est le gisement de Breidablikk qui est le plus impacté. Opéré par Equinor, il est entré en production en octobre 2023 avec un pic de production qui était prévu autour de 55 000 à 60 000 barils par jour (les réserves récupérables sont estimées autour de 200 millions de barils). Quant aux deux autres gisements, ils doivent être opérés par Aker BP et entrer en production en 2025 et 2027.

[4] À titre indicatif, la production norvégienne de pétrole était de 83,1 millions de tonnes en 2018 (pour une production mondiale de près de 4,5 milliards de tonnes (le pic de la production norvégienne est atteint dès 2001 avec 162,5 millions de tonnes). La production gazière du pays était en 2018 de 120,6 milliards de m^3 (pour une production mondiale de près de 3 868 milliards de m^3).

[5] Rappelons que le protocole de Kyoto, signé en décembre 1997 et entré en vigueur en février 2005 engageait les États signataires à

baisser globalement leurs émissions de gaz à effet de serre de 5% par rapport à leur niveau de 1990. Chaque État devait apporter sa contribution personnelle pour arriver à un tel résultat global. Ce protocole s'est ajouté sans être confondu avec elle à la Convention cadre des Nations unies sur les changements climatiques dont les conférences annuelles sont connues sous l'acronyme COP, la plus importante restant la 21ème (COP tenue à Paris). Le protocole de Kyoto a été conclu à l'occasion de la 3ème COP, la Norvège se rangeant plutôt lors des débats préparatoires dans le camp du « *carbon club* » (pays de l'OPEP, Japon, États-Unis, Canada, Australie, etc), peu favorable aux restrictions des émissions, même si la Norvège s'est montrée par la suite plus ambitieuse sur le sujet.

[6] Les domaines prioritaires étaient les suivants : la coopération internationale pour promouvoir le développement durable et lutter contre la pauvreté, le changement climatique et la pollution atmosphérique transfrontalière, la biodiversité et le patrimoine culturel, la gestion des ressources naturelles, les substances chimiques dangereuses, le développement économique et social durable, les propositions des Sames pour la gestion de l'environnement et des ressources naturelles. Pour aborder ces domaines, cinq principes étaient déclinés : la répartition équitable, la solidarité internationale, le principe de précaution, le principe du pollueur-payeur, les efforts conjoints et partagés par toute la population.

Des énergies renouvelables au menu, des énergies carbonées en superflu

Reprenons le bilan énergétique du pays dans ses aspects les plus récents. Selon le tableau 1 comparant production et consommation d'énergie primaire, cette dernière étant calculée après avoir tenu compte des échanges avec l'étranger, la Norvège a produit l'équivalent de 2 486 TWh d'énergie en 2021, soit à peu près sept fois plus que ce qu'elle consomme (338 TWh). Un tel déséquilibre est naturellement dû à l'importance de la production d'hydrocarbures qui, convertie en TWh s'élève la même année à 2 308 TWh, soit près de 93% de la production d'énergie primaire, repoussant l'électricité primaire à une quantité presque négligeable (6,3%). Pourtant, cette part modeste de l'électricité primaire dans la production ne correspond en rien aux besoins effectifs du pays, puisque cette même électricité permet de subvenir à 41% de la consommation nationale, une fois déduits les échanges avec l'extérieur. L'électricité est donc un pilier incontournable de l'économie domestique et sa production est même supérieure à sa consommation, puisque ses échanges avec l'extérieur restent très excédentaires (près de 26 TWh exportés en 2021 pour 8,2 importés).

Tableau 1. Bilan énergétique de la Norvège en 2021 (en TWh pour la production et la consommation d'énergie primaire, en pourcentage pour chaque source d'énergie). Source S.S.B. (P.E.P : production d'énergie primaire ; C.E.P. : consommation d'énergie primaire)

	Total	Charbon	Gaz	Pétrole	Biomasse et déchets	Électricité primaire
P.E.P	2 486	0,04	47,2	45,7	0,8	6,3
Imports	129	7,3	1,2	80,8	4,3	6,4
Exports	2 281	0,03	48,8	50	0,05	1,1
C.E.P.	338	2,9	17,2	31,5	7,3	41

On touche ici à l'adoption précoce par la Norvège des énergies renouvelables qui ont accompagné sa révolution industrielle, même si le bilan contemporain en cache l'essentiel sous l'avalanche des productions carbonées. Il convient de remarquer que le pays s'inscrit dans un contexte nordique assez favorable aux énergies renouvelables, ces dernières ayant une place bien plus élevée dans la consommation que dans les autres pays européens (Mérenne-Schoumaker et Meyer, 2019). Si l'hydroélectricité est très importante en Europe nordique (sauf au Danemark et dans une moindre mesure en Finlande), elle n'a pas de rôle plus décisif qu'en Norvège, ce qui lui permet d'être en tête des pays nordiques en matière de consommation d'énergies renouvelables (si l'on fait exception de l'Islande, où la part très élevée des énergies renouvelables s'explique surtout par la puissance de sa géothermie).

Chapitre 1

Retour sur les particularités de la révolution énergétique norvégienne

Dans les brumes des périphéries nordiques, la Norvège est longtemps restée un pays pauvre et démuni de ressources énergétiques. Alors que la révolution industrielle de la plupart des pays européens s'est appuyée sur le charbon, la Norvège en a été privée, à l'exception de quelques mines au Svalbard que des capitaux d'origine diverse (norvégienne, mais aussi américaine, britannique, suédoise, hollandaise) ont tenté d'exploiter à partir du début du XXe siècle. Il faut surtout citer l'*Arctic Coal Company*, société américaine fondée en 1906 par un certain John Munro Longyear (1850-1922) et qui débuta l'extraction du charbon en 1910 à Longyear City (l'actuelle Longyearbyen), localité créée de toutes pièces par le fondateur de la société. Pour modeste qu'elle fût, cette exploitation attira suffisamment l'attention de l'État norvégien pour qu'il en prenne le contrôle par le truchement de la *Store Norske Spitsbergen Kulkompani A/S*, créée pour l'occasion en 1916, quelques années avant que la tutelle sur le Svalbard ne soit reconnue à la Norvège par le traité de Paris en 1920. Reprenant par la suite le contrôle de plusieurs autres sites, la *Store Norske Kulkompani* est devenue une institution indispensable pour la mise en valeur de l'archipel subarctique, dans un climat de compétition relative avec les Soviétiques qui s'installent à Pyramiden ou à Barentsburg, comme ils en avaient le droit selon les termes du traité de Paris, ratifié par l'URSS en 1924. On devine donc que cette exploitation charbonnière avait moins de signification énergétique que de raison politique, même si les Norvégiens ont cherché à incorporer ce charbon dans leurs propres besoins industriels, comme ce fut le cas par exemple lorsqu'ils décidèrent en 1955 d'établir une importante aciérie à Mo I Rana dans le Nordland, cette dernière s'alimentant en charbon à coke depuis les mines du Svalbard. Le charbon extrait du Svalbard, de 300 000 tonnes environ dans les années 1930 (pour les seules mines norvégiennes), a dépassé plusieurs fois les 450 000 tonnes annuelles après la Seconde Guerre mondiale, mais n'a jamais réussi à enclencher une véritable dynamique industrielle pour le territoire métropolitain. L'aciérie de Mo I Rana a d'ailleurs fermé trente ans à peine après sa fondation et la production minière du Svalbard est actuellement réduite à sa plus simple expression, après une courte expansion liée à l'exploitation de nouveaux sites (un peu plus de 4 millions de tonnes en 2007). La décision fut prise, devant les coûts très élevés de l'extraction, de fermer les mines en 2016, à la seule exception de la mine 7 (Gruve 7) près de Longyearbyen, afin de poursuivre l'alimentation de la centrale thermique de la ville.

Il est donc établi que les combustibles solides n'ont joué qu'un rôle marginal dans le décollage économique du pays (Mead, 1958 ; John, 1984). Le retard de la Norvège par rapport au reste de l'Europe du Nord-Ouest, attesté par une lente urbanisation et une émigration abondante vers le Nouveau Monde, essentiellement entre 1870 et 1914, s'explique en partie par les difficultés à trouver des substituts aux énergies traditionnelles (eau courante, bois de chauffage, sans parler bien sûr de la force musculaire d'une petite paysannerie besogneuse). Il faut attendre l'équipement des premières chutes d'eau à des fins de production électrique pour changer la donne (Lieberman, 1970).

Cette mobilisation des ressources hydrauliques pour la production d'électricité débute à la charnière entre les XIXe et XXe siècles et s'est révélée comme un atout décisif, autant par son abondance que par ses faibles coûts de production (Hodne, 1981). Il faut rappeler à ce sujet que la Norvège est un pays montagneux de hautes surfaces (la moitié du pays est perchée au-dessus de 500 m d'altitude, le quart au-dessus de 1000 m) avec des ruptures de pente souvent spectaculaires, en particulier sur le versant occidental qui domine la mer d'un seul jet (Gjessing *dir.*, 1977). Le relief a été modelé par les glaciations quaternaires, la dernière en date, la glaciation weichsélienne (ou würmienne) étant responsable des formes les plus vives. Les cours d'eau, beaucoup plus courts que sur le versant suédois, présentent de fortes pentes, des chutes faciles à aménager dans des vallées encaissées. « Les précipitations sont abondantes et les rivières du Sud ou de la côte occidentale ne gèlent pas en hiver. Les lacs représentent 4% de la surface totale du pays et ils permettent d'assurer des réserves d'eau et de régulariser le débit des fleuves ; souvent même, ils sont utilisés pour emmagasiner l'eau et la restituer dans les années sèches. C'est le cas des lacs des hautes altitudes situées dans des régions désertiques et où l'on peut facilement élever le plan d'eau. On peut espérer supprimer ainsi les inconvénients des années sèches où l'on doit, comme en 1955, rationner la distribution du courant » écrivait déjà G. Chabot en 1958. À cette description générale, il faut ajouter l'opposition entre le versant occidental, brusquement élevé au-dessus du niveau de la mer, cette dernière s'insinuant néanmoins au cœur du bourrelet montagneux par des fjords d'une profondeur et d'une longueur souvent exceptionnelles (le Sognefjord en étant l'archétype avec une longueur de plus de 200 km et une profondeur dépassant 1300 m, avec de nombreuses ramifications particulièrement encaissées). Ce secteur occidental est donc très propice à la multiplication des hautes chutes qui, à l'état naturel, se matérialisent par de puissantes cascades. Quant au versant continental, il présente une opposition assez marquée avec des pentes plus douces et entaillées par de longues et larges vallées en berceau (Gudbrandsdal, Valdres, Hallingdal, Numedal, Setesdal) qui se raccordent à un littoral de bas plateaux à peine marqués par des fjords d'assez modeste envergure, à la seule exception du fjord d'Oslo. On y trouve donc des bassins versants étendus avec des cours d'eau de plus grande longueur, le plus important d'entre eux étant la Glomma avec plus de 600 km de longueur pour un bassin versant de 42 000 km^2. On est donc en présence de basses et moyennes chutes, mais dont les faibles dénivelés peuvent être compensés par la puissance des débits.

Car le potentiel hydraulique dépend surtout des abondantes précipitations, surtout dans l'Ouest, dont les murailles montagneuses sont frappées par des pluies océaniques stimulées par l'orographie, alors que le versant continental, plutôt en position d'abri, profite aussi de pluies convectives en saison estivale. Au total, la Norvège reçoit en moyenne, selon K. Norseth (*in* Varjo et Tietze, 1987), 1400 mm de précipitations annuelles et le versant atlantique est encore plus arrosé que la moyenne, du Rogaland au cap Stad. Et comme l'évaporation est relativement faible (220 mm), l'écoulement est proche de 85% du volume précipité (1180 mm). On s'explique donc la puissance du potentiel hydroélectrique que des estimations récentes chiffraient autour de 214 milliards de kWh (planche I). Certes, ce potentiel n'est pas encore totalement équipé, mais l'effort d'investissement est impressionnant depuis le début du XXe siècle et a soutenu l'essor industriel. Ajoutons que ce potentiel est situé surtout dans le sud et l'ouest du pays, à proximité des régions peuplées, à l'inverse de la Suède, où les ressources sont plutôt dans le nord, obligeant au recours à des réseaux d'interconnexion de fort voltage pour amener l'électricité

Planche I. Quand la forte pluviosité se combine avec de fortes pentes pour développer un important potentiel hydraulique (cliché de l'auteur).

aux régions de grande consommation (Ahlmann *ed.*, 1976).

Les chutes d'eau ont d'abord encouragé le développement des industries forestières, les scieries hydrauliques étant progressivement remplacées par des ateliers alimentés par l'hydroélectricité, stimulant la production de bois du Nord (longtemps baptisé bois de Norvège, avant que les pays de la Baltique ne le concurrencent dès le début du XXe siècle). Ces scieries pouvaient se contenter de basses chutes, trouvées sur l'aval des cours d'eau, près des ports d'exportation du sud-est norvégien. On en conserve encore la trace aujourd'hui, d'autant qu'aux scieries, se sont substituées rapidement des usines de pâtes à papier et papier (Alexandersson, 1971). Grâce à elles, les produits forestiers ont continué à représenter près de la moitié des exportations norvégiennes de marchandises jusque dans les années 1920.

Mais ce sont surtout les industries « électrointensives » (électrométallurgie et électrochimie) qui ont bénéficié de l'électricité bon marché, produite en grande quantité grâce aux hautes chutes des vallées profondes sur le pourtour du bourrelet montagneux [7]. Il faudrait évoquer le cas de *Norsk Hydro*, créée en 1905 pour utiliser le procédé de synthèse de l'oxyde d'azote à partir de l'azote et de l'oxygène de l'air, sous l'effet d'un arc électrique conçu par Sam Eyde et Kristian Birkeland. Il s'agissait à partir de cet oxyde d'azote de produire de l'acide nitrique qui, réagissant sur du calcaire, permettait de produire un engrais, le nitrate de calcium. Très boulimique en électricité, le procédé avait besoin de mobiliser des sites potentiellement riches en hydroélectricité. Après une première installation à Notodden, *Norsk Hydro* a jeté son dévolu sur une vallée à la périphérie du Hardanger et du Haukelifjell, la chute de Rjukan étant alimentée par les eaux du Møsvatn, lac perché à 900 m d'altitude. L'équipement du site, avec une première centrale à Vemork (1907-1911), considérée à l'époque comme la plus puissante du monde, permit à *Norsk Hydro* de construire une usine nitratière à Rjukan, même si le site était particulièrement incommode pour l'évacuation des produits vers l'extérieur. Par la suite, l'abandon du procédé Eyde-Birkeland pour un procédé allemand (Haber-Bosch) et surtout l'efficacité croissante du transport de l'électricité, permirent à *Norsk Hydro* de reporter massivement son effort industriel sur la côte, à proximité des ports d'évacuation, sur le site de Herøya, dans la commune de Porsgrunn, dès 1929-1930. Le complexe industriel qui s'y est implanté, est aujourd'hui le plus important de Norvège, justifiant l'abandon des premières usines de l'intérieur [8].

Les métaux non ferreux et les ferroalliages sont l'autre créneau de ces industries électrointensives, les deux guerres mondiales en ayant démontré l'intérêt hautement stratégique. On retrouve ici les mêmes exigences qu'avec l'électrochimie, puisqu'il s'agit d'utiliser des chutes d'eau aptes à produire du kWh à bas prix pour l'électrolyse ou la fusion à haute température. Une bonne vingtaine d'usines de ce type ceinturent encore les hauts plateaux norvégiens en occupant le fond des vallées et le rivage des grands fjords. On peut citer en particulier les alumineries dont le premier exemplaire de grande taille fut implanté à Høyanger sur les rives du Sognefjord pendant la Première Guerre mondiale. Puis, pendant la Seconde Guerre mondiale, les Allemands tentèrent de produire de l'aluminium à Årdal, toujours sur le Sognefjord. L'usine ne fut achevée qu'en 1948 sous l'impulsion de capitaux publics. Une autre aluminerie fut installée quelques années plus tard à Sunndal, puis suivirent celles de Mosjøen en 1958 ou d'Husnes en 1965. Finalement, l'amélioration du transport de l'électricité sous haute tension permit d'éloigner les alumineries de leur source d'énergie : ainsi, l'aluminerie la plus récente, ouverte en 1967, est installée sur l'île de Karmøy, au sud de Haugesund, ses vastes terrains lui permettant d'associer fonderie d'aluminium et atelier de laminage. Au total, la Norvège dispose aujourd'hui de sept alumineries (cinq contrôlées par *Norsk Hydro*, deux sous contrôle d'*Alcoa*), ce qui lui permet de se maintenir parmi les premiers producteurs d'aluminium de la planète.

Les autres métaux non ferreux ou les ferroalliages sont surtout élaborés par la firme *Elkem*, née au début du XXe siècle à l'initiative également de Sam Eyde afin d'exploiter un brevet d'électrolyseurs. L'entreprise a quitté l'aluminium pour se recentrer sur le silicium et les ferroalliages avec une demi-douzaine d'usines encore en activité en Norvège. Finalement, engrais, métaux non ferreux et ferroalliages contribuaient déjà au quart des exportations de marchandises en 1938. Trente ans plus tard, ils se maintenaient toujours au quart des exportations, avant l'envolée rapide des exportations d'hydrocarbures. C'est dire leur importance dans l'histoire économique du pays.

On comprend donc pourquoi la maîtrise des chutes d'eau sur laquelle louchaient des capitaux étrangers d'origine diverse fut un enjeu majeur des politiques économiques de l'État norvégien (Midgaard, 1974). Ce fut même l'un des sujets principaux de la vie politique de 1905 à la Première Guerre mondiale, sujet qui s'est révélé très clivant entre la gauche libérale (*Venstre*) et les conservateurs (*Høyre*). Deux lois ont été adoptées en 1909 et 1911, la première régissant l'acquisition et l'exploitation des chutes d'eau, la seconde statuant sur la régularisation des cours d'eau. Malgré une vive opposition des propriétaires privés, l'État s'est alors doté des moyens d'agir pour contrôler les investissements, en particulier en provenance de l'étranger (Pryds, 1914). La volonté de l'État a finalement débouché, après un aménagement législatif en 1917 portant sur les licences d'exploitation des chutes d'eau et sur le droit de régularisation des cours d'eau, sur la création en 1921 d'une administration adaptée à la nouvelle législation, la *Norges Vassdrag og Elektrisitetsvesen* (NVE), c'est-à-dire l'administration norvégienne de l'hydraulique et de l'électricité qui va être le cadre d'appui du développement hydroélectrique et permettre la participation significative des capitaux publics, qu'ils soient d'État ou des collectivités territoriales. C'est de cette NVE qu'est née une structure de production en 1960 (*Statkraftsverkene*), ancêtre de la société publique actuelle qui prend le nom de *Statkraft* en 1985. Elle contrôle aujourd'hui 36% de la puissance installée du pays. Les intérêts privés sont donc longtemps restés en position marginale (à peine plus du dixième de la puissance installée), la majorité de la puissance étant sous le contrôle des collectivités territoriales, au plus près de la demande.

Il s'en est suivi une grande dispersion des équipements avec 922 centrales d'une puissance supérieure à un MW en 2014, les collectivités territoriales en possédant la meilleure part. Plus de sept centrales sur dix ne dépassent pas dix MW et s'insèrent donc parfaitement dans le tissu économique et les besoins d'échelle locale. Sur les 335 centrales de plus de dix MW, 80 seulement ont une puissance supérieure à 100 MW. Cela dit et pour rejoindre ce qui vient d'être rappelé sur le décollage industriel par l'électricité, ces grandes centrales disposent de plus de 62% de la puissance installée et réalisent 60% de la production électrique. En fait, c'est dans l'Ouest du pays, là où les chutes sont les plus hautes, que les centrales sont les plus puissantes, surtout depuis la mise en place de systèmes permettant l'interconnexion de plusieurs réservoirs et séries de centrales. Le système hydraulique d'Ulla-Føre, articulé autour du lac de barrage d'altitude de Blåsjø dans le Rogaland, dispose d'une puissance cumulée de 2100 MW avec plusieurs centrales dont la plus puissance de Norvège (Kvilldal, 1240 MW). Celui de Sima (1120 MW) est articulé autour de plusieurs réservoirs et de deux centrales de 600 et 520 MW. Celui d'Aurdalsdalen (1128 MW) utilise grâce à un réseau complexe de collecteurs et de barrages, les chutes au-dessus de l'Aurlandsfjord avec cinq centrales dont la plus puissante atteint 840 MW. Tous ces aménagements expliquent l'ascension de la production électrique, passée de moins de 12 milliards de kWh en 1947 à pratiquement

77,5 milliards en 1975. Elle atteint 142,8 milliards de kWh en 2000, en presque totalité sous forme hydraulique. Elle plafonne depuis à peu près à ce niveau (tableau 2), mais elle place toujours la Norvège parmi les ténors mondiaux de la production hydroélectrique (au septième rang en 2021, mais au premier rang pour la part de cette électricité dans la totalité de la production électrique).

Ce plafonnement peut étonner et signale une notable inflexion de la politique norvégienne à partir du début de la décennie 1990. En effet, la Norvège a cédé aux sirènes de la dérégulation du secteur électrique par une loi portant effet au 1er janvier 1991. Il s'agissait d'offrir à la demande le droit de s'adresser au fournisseur de son choix, tout en désintégrant la filière électrique, en séparant production, transport et fourniture d'électricité (Navestad et Henriksen, 2017). Cette loi radicale précède d'assez peu l'ouverture à la concurrence du marché de l'électricité dans l'Union européenne, la première directive de ce genre datant de 1996. Or, la Norvège, tout en étant hors de l'Union européenne, participe au marché intérieur par son adhésion à l'Espace économique européen depuis le 1er janvier 1994. Sa réforme la préparait donc aux diverses directives qui se sont ensuite succédé en Europe, allant toutes dans le sens d'un libéralisme de plus en plus poussé et d'une unification renforcée du marché de l'électricité. C'est ainsi qu'il existait en 2013-2014, selon le ministère du pétrole et de l'énergie, 183 producteurs d'électricité en Norvège (dont 54 uniquement engagées dans la production), 159 distributeurs opérant sur les réseaux (dont 47 exclusivement engagés dans cette activité) et 241 « fournisseurs-traders » (dont 89 uniquement engagées dans le « trading », c'est-à-dire dans l'achat-revente à des fins essentiellement spéculatives). Certes, il ne faut pas exagérer l'importance de cette « désintégration » du système énergétique, puisque les plus gros producteurs restent maîtres du jeu (les dix premiers contrôlent près des trois quarts de la puissance installée), beaucoup d'opérateurs demeurant engagés dans plusieurs fonctions, voire pour 59 d'entre eux, dans les trois fonctions de la production, distribution et fourniture finale d'électricité. Par ailleurs, le transport interrégional reste largement tenu par une société publique à près de 90% des échanges interrégionaux. Il s'agit de *Statnett*, séparée de *Statkraft*, cette dernière étant cantonnée à la production et à la fourniture d'électricité.

Tableau 2. Bilan de la production et de la consommation électrique en Norvège en 2000 et 2021 (en milliards de kWh, source SSB).

	2000	2021
Production	142,8	157,1
dont hydraulique	142,3	143,7
dont thermique	0,5	1,6
dont éolien	-	11,8
solde des échanges extérieurs	-19	-17,6
Consommation brute (dont système énergétique)	123,8	139,5
Consommation finale	112,4	131,9
dont industries électro intensives	41	nc

La libéralisation du secteur électrique, confirmée par l'adoption des différents « paquets » réglementaires de l'Union européenne, en raison de l'intégration de la Norvège à l'E.E.E. a semblé donner satisfaction pendant une vingtaine d'années [9]. Le prix de l'électricité a peu varié pour l'utilisateur final, encourageant certains utilisateurs à conclure des contrats au prix du marché. La production du pays s'est maintenue, confirmant la Norvège en position d'exportatrice nette la plupart du temps, l'intégration du secteur électrique national étant servie par l'interconnexion de plus en plus complexe des réseaux vers les pays nordiques, mais aussi les Pays-Bas, l'Allemagne ou le Royaume-Uni et par une bourse d'échanges (*NordPool*) facilitant les échanges sur les marchés de gros de l'électricité. Cela dit, l'unification du marché européen de l'électricité a contribué à gommer l'intérêt des systèmes énergétiques les plus performants. En effet, le prix « instantané » de l'électricité se forme à partir du coût marginal de la dernière source d'énergie mobilisée pour répondre à la demande. En période d'équilibre du marché, les différences de coût entre les sources ne jouent pas ou peu, puisque les plus coûteuses ne sont pas mobilisées. En période de tension, les prix peuvent s'envoler puisqu'ils se calent sur la source dont les coûts de production sont les plus élevés. Il s'agit la plupart du temps des centrales au gaz, ce qui fait dire dans un raccourci un peu rapide que les prix de l'électricité sont indexés au prix du gaz. Cette situation devient intenable quand le marché du gaz est en tension, ce qui est précisément arrivé à partir de 2021, la guerre en Ukraine en 2022 portant au plus haut les tensions sur le marché. La Norvège s'est trouvée alors dans une situation paradoxale totalement imprévue.

Le renchérissement des prix du gaz avantage sa balance commerciale puisqu'elle exporte du gaz grâce à ses ressources *offshore*, mais l'envolée des prix de l'électricité oblitère le pouvoir d'achat ou les coûts de production de ses utilisateurs finaux (au point que le gouvernement a été obligé d'introduire un mécanisme compensatoire au profit des ménages dès la fin de l'année 2021). Les seuls utilisateurs échappant au cataclysme furent les industriels disposant de leur propre électricité ou ayant conclu avec leurs fournisseurs des contrats à long terme. Cette situation absurde pour un pays disposant d'une énergie en abondance à des coûts très modérés mérite évidemment une réforme rapide que la Norvège ne peut envisager qu'en faisant confiance aux institutions européennes dont elle dépend très étroitement. Par ailleurs, la production hydroélectrique n'obéissant pas au jeu de la baisse des coûts marginaux par l'augmentation de ses capacités, à l'inverse de la plupart des secteurs industriels, en raison des coûts de plus en plus élevés de mise en valeur des sites hydrauliques résiduels, on peut s'interroger sur les possibilités d'investissement d'une offre électrique dispersée sur le plan capitalistique. De plus, pour les plus importants des producteurs, *Statkraft* en tête, il devient intéressant de pénétrer les marchés étrangers afin de préserver leur potentiel de croissance. En 2018, une bonne partie des 5,8 milliards d'euros de chiffre d'affaires de *Statkraft* est réalisée à l'étranger, dans 16 pays différents, grâce au contrôle d'un parc de centrales de 20 000 MW de puissance installée. C'est autant de perdu pour la Norvège et de gagné pour l'une de ses entreprises, promue au statut de multinationale de l'énergie.

Notes

[7] Ces industries, pour reprendre la définition de J. Pinard (1982), sont celles qui utilisent le courant électrique, d'une part pour le raffinage des minerais et des minéraux entrant dans la composition des métaux, d'alliages et de produits chimiques et, d'autre part, pour la transformation de ceux-ci et l'élaboration de produits intermédiaires et finis (pièces de fonderie coulées au four électrique, pâte d'électrode pour ces fours, engrais azotés…) ; l'ensemble de ces fabrications est souvent étroitement associé au sein des mêmes entreprises et parfois des établissements. Ces industries débordent donc le cadre étroit de la définition qui leur est donnée généralement en les considérant uniquement comme des industries de base. Afin d'évaluer les avantages comparés de ces usines norvégiennes par rapport aux usines étrangères, rappelons qu'en 2009, le prix moyen du kWh était de 0,059 dollar en Norvège, soit 42% seulement du prix moyen du kWh observé dans les autres pays européens de l'OCDE.

[8] Le complexe industriel de Herøya est aujourd'hui exploité par *Yara*, entreprise née de la scission de *Norsk Hydro* en 2004. Quant aux

installations initiales de *Norsk Hydro*, évoquées plus haut, elles ont fermé à la seule exception des installations hydroélectriques. La centrale de Vemork est toujours exploitée par *Norsk Hydro* qui est le premier producteur privé d'électricité en Norvège. À noter que Vemork s'est fait connaître au monde par la présence d'une usine d'hydrogène, étape préalable de la synthèse ammoniacale du procédé Haber-Bosch. Cette usine produisait également de l'eau lourde, jugée hautement stratégique pour les recherches nucléaires de l'occupant allemand pendant la Seconde Guerre mondiale, d'où les tentatives de destruction ou de sabotage menées par les Alliés et la Résistance norvégienne. Le site de Vemork n'a plus de vocation industrielle depuis 1971.

[9] La Norvège a refusé par deux fois d'entrer dans l'Union européenne (en septembre 1972 et novembre 1994). Mais elle a intégré l'Espace économique européen à compter du 1er janvier 1994, c'est-à-dire le marché intérieur européen avec sa libre circulation des marchandises, des services, des personnes et des capitaux. Dans la pratique, tout ce qui concerne le marché intérieur (l'énergie en fait dorénavant partie) doit être retranscrit dans la législation norvégienne, ce qui donne un goût de « démocratie faxée » à la vie politique norvégienne pour reprendre une expression imagée de l'ancien Premier ministre, Jens Stoltenberg, puisque le pays ne participe pas aux institutions de l'Union mais doit en appliquer ses orientations. En revanche, l'avantage de l'E.E.E. tient au fait qu'il exclut l'agriculture et la pêche de son champ de compétence, qu'il ne crée pas d'union douanière avec le monde extérieur à l'E.E.E. et qu'il se dérobe aux enjeux de l'union économique et monétaire.

Chapitre 2

Des énergies carbonées servies sous un plateau

Dans ce pays pourtant bien pourvu en ressources énergétiques renouvelables et où la mobilisation des hydrocarbures se limitait traditionnellement à quelques consommations spécifiques comme celles des transports, un événement inattendu résonne comme un coup de tonnerre dans le bel ordonnancement du système énergétique. La découverte du gisement d'Ekofisk en 1969, en plein centre de la mer du Nord, annonce une longue période de surprises heureuses qui font aujourd'hui de la Norvège l'un des piliers de l'énergie européenne. Avant la crise russo-ukrainienne, la Norvège était le second fournisseur de gaz de l'Union européenne (pour le quart environ de ses importations et le tiers de celles de la France) et il y a de bonnes chances pour qu'elle reste en première ligne de nos approvisionnements, du moins pour quelque temps, à la suite de la réduction brutale des exportations russes.

Cette situation est le résultat d'un effort constant d'investissement, parti de presque rien au début des années 1970 et qui s'est élevé progressivement jusqu'à près du tiers de tous les investissements du pays au milieu des années 1990. Depuis lors, l'effort se maintient selon la mise en développement des principaux gisements, entre 20 et 30% de tous les investissements. Avec un sensible décalage, la part des énergies carbonées dans les exportations du pays grimpe jusqu'à près de 40% au milieu des années 1980, avant de se hisser à un nouveau palier proche de la moitié des exportations nationales dans la seconde moitié des années 2000 et de bénéficier de la flambée des prix du gaz avec la guerre en Ukraine. La part de ces mêmes énergies s'est hissée peu à peu jusqu'au quart du PNB dans le courant de la même période, en flirtant même avec des pointes de 30% selon la conjoncture du moment (fig. 2).

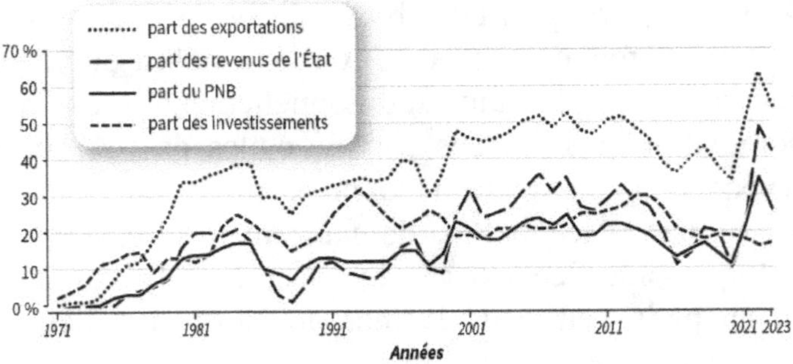

Figure 2. Part des hydrocarbures dans les grands agrégats économiques de la Norvège entre 1971 et 2023. Réalisation : Simon Charrier, université de Nantes. Source : norskpetroleum.no

Cette invasion des hydrocarbures dans les agrégats économiques s'est accompagnée d'une expansion de l'espace sous juridiction norvégienne. C'est en mer du Nord que cette expansion s'est tout d'abord matérialisée en respectant les règles de l'une des conventions de Genève sur le droit international de la mer remontant à 1958 (Colliard, 1979). À l'époque, les États côtiers, encore timides dans leurs prétentions, se limitaient à leur seul plateau continental au-delà de leur mer territoriale, suivant en cela l'exemple des États-Unis. Le Président Truman s'était en effet aventuré dès septembre 1945 à faire la déclaration suivante : « le gouvernement des États-Unis considère les ressources du sous-sol et du lit de la mer du plateau continental recouvert par la mer, mais contigu à la côte des États-Unis, comme appartenant aux États-Unis et soumis à sa juridiction et à son contrôle ». Et il poursuivait : « lorsque le plateau continental s'étend jusqu'aux rivages d'un autre État ou est commun à un État adjacent, la frontière sera déterminée par les États-Unis et l'État intéressé sur la base de l'équité. Ce qui précède ne porte aucunement atteinte au caractère de haute mer des eaux recouvrant le plateau continental et au droit de navigation libre et sans étraves sur ces eaux ». Autrement dit, il s'agissait de mettre la main sur les ressources sans pour autant porter atteinte aux libertés de manœuvre des navires, militaires notamment, au-delà de la mer territoriale (Martray, 1977). Il est vrai qu'il y avait à l'époque, une certaine urgence à se déclarer « possessionné » de ses ressources pétrolières en mer, avec l'annonce officielle de plusieurs découvertes, notamment au large de la Louisiane. La part de l'*offshore* dans la production pétrolière n'a pas cessé de grimper par la suite à l'échelle mondiale : 11% dès 1960, 18% en 1973, 27% en 1986, le tiers environ en 2000.

Les États riverains de la mer du Nord avaient donc intérêt à s'entendre au plus vite, d'autant que la géologie conduisait à penser que la puissante zone de sédimentation recouverte par la mince couche d'eau de cette mer épicontinentale devait être riche en ressources énergétiques. En effet, nous avons là, sur une croûte continentale de consolidation surtout calédonienne, un empilement exceptionnel de sédiments, de 5000 m d'épaisseur dans la partie médiane de la mer, formés sur une longue période de près de 300 millions d'années. On retrouve dans ce bassin de nombreuses conditions structurales propices à la formation et à la conservation des hydrocarbures. Les conditions variables de sédimentation alternent les faciès avec une multiplication des phases de régression et de transgression facilitant les discordances entre couches. De plus, les couches plastiques salifères sont généralement puissantes, au Permien en particulier, donnant naissance à une tectonique intrusive caractérisée, soit par des dômes non perçants qui soulèvent en anticlinal les couches sus-jacentes, soit par de véritables diapirs en forme de champignons qui percent les étages jusqu'au Tertiaire. Enfin, la tectonique cassante est importante au Secondaire, en relation avec l'expansion des fonds océaniques et l'ouverture progressive de l'Atlantique Nord, entraînant ultérieurement une puissante sédimentation au Tertiaire (Guilcher, 1982). Or, les hydrocarbures, résultat de la décomposition d'organismes vivants, généralement planctoniques, au milieu de la matière minérale des roches mères, migrent ensuite sous la pression de la sédimentation ultérieure, pour finir par s'évaporer ou s'oxyder en surface. Pour qu'il y ait gisement exploitable, il faut donc les conditions évoquées ci-dessus : des roches-réservoirs suffisamment poreuses et surtout des pièges empêchant la disparition des hydrocarbures, c'est-à-dire des roches-réservoirs suffisamment étanches avec des pièges structuraux bloquant la migration (anticlinaux ou failles). C'est précisément ce qu'on retrouve en mer du Nord sur toute l'épaisseur de la série sédimentaire avec des étages remarquables qui ont pu jouer un rôle de roches-réservoirs : au Permien pour le gaz naturel au sud de la mer du Nord, au Jurassique pour des gisements comme Statfjord ou Troll, au Crétacé supérieur pour Ekofisk, au Tertiaire pour Frigg.

Dès 1965, les premières découvertes sont faites sur le plateau britannique (West Sole) puis elles se multiplient dans les années suivantes, la production britannique démarrant dès 1967. C'est la raison pour laquelle la Norvège, tout en affirmant dès 1963 qu'elle était bien la propriétaire d'éventuelles ressources de son plateau continental, s'est empressée de signer des accords de partage avec le Royaume-Uni (10 mars 1965) et le Danemark (8 décembre 1965). Par ces accords fondés sur le principe de l'équidistance par rapport aux côtes riveraines, la Norvège, avantagée par la convexité de son littoral méridional, s'est octroyé le quart de la surface des fonds de la mer du Nord (soit environ 142 000 km^2). Notons que les critères d'attribution convenaient parfaitement aux pays riverains, puisqu'il s'agissait de respecter l'adjacence et de ne pas s'aventurer au-delà de 200 m de profondeur (la mer du Nord, d'une profondeur moyenne de 94 m, ne posait aucun problème de ce point de vue, sauf au droit d'une fosse parallèle à la côte sud-occidentale de la Norvège). Enfin, reconnaître le principe de l'exploitabilité, principe éminemment imprécis, ne posait aucun problème particulier puisqu'il dépendait des technologies pétrolières en mer qui ne cesseront de s'améliorer au fur et à mesure des découvertes.

L'émergence d'un nouveau concept, la zone économique exclusive (Z.E.E.), sur laquelle vont tomber d'accord la plupart des États côtiers et qui sera coulée dans le bronze du Droit International de la Mer par la convention de Montego Bay en 1982, va donner à la Norvège l'occasion de mieux assurer ses prétentions sur les ressources de son plateau continental. En effet, le plateau norvégien au nord du 62°N est beaucoup plus profond, avec un profil bathymétrique nettement plus tourmenté qu'en mer du Nord. Hormis sur une chaussée littorale d'une profondeur inférieure à 200 m qui ne s'étale vraiment qu'entre le cap Stad et Kristiansund, puis au large des Lofoten, le plateau se tient le plus souvent entre 300 et 400 m, avec quelques accidents isolés comme Frøya Bank (158 m), Halten Bank (102 m) ou Sklinna Bank (120 m). De plus, le talus continental ne s'infléchit vraiment qu'à partir de 500 m de profondeur et il est assez proche de la côte autour des 63-64°N et des 69-70°N. Sa pente est d'ailleurs d'autant plus raide qu'elle est proche des masses continentales émergées. Fort heureusement, la Z.E.E. ne s'embarrasse pas de tous ces détails, puisqu'elle ne tient pas compte de la profondeur mais d'une distance à la côte (200 milles à partir des lignes de base), levant ainsi tout risque de contestation à propos de l'appropriation des ressources, tant du sol, du sous-sol que des eaux sus-jacentes [10]. Dès le 1er janvier 1977, la Norvège institue donc sa Z.E.E., lui donnant un pouvoir de juridiction sur les ressources d'environ 788 000 km^2. Certes, la Norvège s'est contentée de zones de pêche autour du Svalbard et de Jan Mayen (pour un million de km^2 environ), ces zones étant destinées exclusivement aux ressources halieutiques, mais leurs limites ne sont finalement pas très contraignantes, puisque la convention de Montego Bay préserve dans ce cas les intérêts de l'État riverain selon les termes d'un de son chapitre consacré au plateau continental. Le plateau est bien le sol et le sous-sol jusqu'à 200 milles et peut même s'étendre au-delà des 200 milles lorsque la marge continentale, talus et pied du talus compris, déborde de cette limite. Dans ce cas, l'État peut exercer ses droits jusqu'à 350 milles des lignes de base ou jusqu'à 100 milles au large de l'isobathe de 2500 m. L'enjeu est alors de bien définir le talus et surtout le pied du talus qu'une acception « impériale » pourrait étendre jusqu'à 350 milles, au cas où le plateau s'affaisserait avant cette limite. La convention a donc prévu pour ce dernier cas d'espèce quelques règles à respecter, assez précises mais bien difficiles à établir dans la réalité : jusqu'à 60 milles du pied du talus ou jusqu'au point où « l'épaisseur de la roche sédimentaire représente au moins 1% de la distance entre le pied du talus et le point revendiqué » (sic !). L'État revendiquant un plateau au-delà des 200 milles doit en référer à la Commission des Limites du Plateau continental des Nations unies, instance qui, en dernier ressort, statue sur la reconnaissance officielle de ses prétentions. La Norvège a donc présenté à la Commission ses demandes d'extension en 2006. Elles ont été validées en 2009. Elle se trouve dorénavant en possession de plus de 2 millions de km^2 de plateau « juridique », ce dernier pouvant être sous la Z.E.E., sous des zones de pêche, voire sous la Haute mer, lorsque les limites de ce plateau débordent des 200 milles. À noter que le dernier risque de friction avec les pays voisins a été levé par un accord sur le partage de la mer de Barents avec la Russie, signé en septembre 2010. Cet accord mettait fin à un long contentieux entre les deux pays pour définir les limites de leur compétence au-delà de leur mer territoriale, contentieux qu'ils n'avaient jusqu'alors surmonté qu'en instituant une zone grise ouverte aux flottes de pêche des deux pays.

En toute hypothèse, c'est donc cette surface de plus de deux millions de km^2 qui est le terrain de jeu énergétique du pays. La Norvège l'a abordé avec méthode, en quadrillant les mers sous sa juridiction de blocs calés sur les coordonnées géographiques, ces blocs donnant lieu à des attributions successives lors de tours de concession. Le premier tour remonte à 1965 en mer du Nord, mais il a fallu attendre le début des années 1980 pour ouvrir la mer de Norvège à la prospection pétrolière. En fait, la prudence a surtout dominé le comportement de l'État norvégien, conscient qu'il ne fallait pas se laisser déborder par l'avalanche de nouvelles ressources et surtout qu'il fallait coordonner son effort avec les capacités technologiques de la prospection et de l'éventuelle exploitation, ces capacités étant encore dans l'enfance au moment des premières découvertes, les coûts d'extraction étant de toute façon beaucoup plus élevés que ceux des hydrocarbures « classiques ». À noter toutefois qu'aux côtés des licences attribuées lors des tours de concession (nous en étions au 25è tour en 2020), une nouvelle formule a été introduite en 2003 sous la forme d'aires prédéfinies d'attribution, pour tenir compte des connaissances géologiques de plus en plus précises en zones matures. Ces aires pré-définies d'attribution ont tendance à s'élargir d'année en année, repoussant les tours de concession traditionnels vers les fronts pionniers de l'exploration (fig. 3).

Pour la Norvège, les premières années de l'*offshore* furent assez heureuses, du moins jusqu'au milieu des années 1980. Les deux chocs pétroliers au niveau mondial (1973-1974, 1979-1980) ont propulsé la ressource à des prix élevés, alors que les découvertes étaient annoncées à un rythme soutenu (Ekofisk en 1969, Frigg en 1971, Statfjord en 1974, Gullfaks en 1978, Oseberg et Troll en 1979). L'accès aux ressources, du moins pour les premiers gisements (Ekofisk est sous 65 à 70 m d'eau), semblait raisonnable, même si tout était à inventer en la matière. Au total, pendant la période 1971-1985, plus de 253 millions de tonnes de pétrole et plus de 197 milliards de m^3 de gaz naturel furent arrachés aux entrailles du plateau de la mer du Nord. Et même si les deux tiers du pétrole et plus de la moitié du gaz étaient extraits d'Ekofisk et de ses gisements satellites (le complément pour le gaz étant assuré par le gisement de Frigg), la mise en valeur de nouveaux gisements (Statfjord entre en production en 1979) laissait entrevoir un avenir radieux. Au milieu des années 1980, 1,5 milliard de m^3 de pétrole et 1 200 milliards de m^3 de gaz avaient été découverts et planifiés pour une mise en exploitation.

Les années qui suivirent furent pourtant beaucoup plus chaotiques. Les prix du pétrole restèrent faibles en dehors de quelques périodes de tension pendant la dernière décennie du XXe siècle. Ils se raffermirent ensuite de manière significative pour atteindre près de 140 dollars le baril à la veille de la crise financière de 2008, soit trois à quatre fois la valeur en moyenne des prix pratiqués lors des années précédentes. Mais cette flambée n'a pas duré et la chute a été sévère avec la crise, avant une remontée des prix en 2010-2011, avec une nouvelle poussée qui atteint le record de 120 dollars le baril. On a pourtant continué à surfer sur des montagnes russes avec une baisse sensible des prix en 2015 qui inaugure une série de mauvaises années, les prix du pétrole Brent tombant au niveau plancher de 34,40 dollars au début de mars 2020.

Le début de l'année 2021 est bien meilleur (70 dollars environ en mars 2021), confirmant que les prix sont très volatils, les pays producteurs, du moins les pays à coûts élevés de production ayant peu de prise sur la valeur de leur ressource et encore moins, sur les risques de chute des cours qui peuvent anéantir le montant de leurs réserves estimées.

Par ailleurs, ces réserves estimées, après la découverte du gisement de Troll qui s'est avéré comme le plus puissant gisement gazier (jusqu'à 1400 milliards de m^3), ne progressent plus au même rythme, malgré l'ouverture à la prospection de la mer de Norvège. Cette dernière s'est révélée assez décevante et seuls les gisements de Draugen ou de Heidrun ont été promis à l'exploitation avant le milieu des années 1990. Il a fallu attendre l'annonce de la découverte du gisement gazier d'Ormen Lange en 1997 (avec 300 milliards de m^3 de réserves) pour relancer l'intérêt pour cette mer, alors que de nouveaux gisements en mer du Nord (comme le gisement pétrolier de Johan Sverdrup dont la découverte est annoncée en 2010), confirment décidément que la mer du Nord reste bien le centre de gravité de la production *offshore* norvégienne. Un pointage des ressources remontant au 31 décembre 2021 confirme bien cet état de fait. Alors que la Norvège avait déjà produit 8 milliards de m^3 e.p., tous hydrocarbures confondus, depuis le début de son aventure *offshore*, la mer du Nord en ayant réalisé près de 84%, il ne lui restait plus que 2,6 milliards de m^3 e. p. à extraire des gisements en production ou dont la production avait été programmée à cette date.

Les flux énergétiques étant destinés presque exclusivement à l'exportation, se sont posées rapidement deux questions presque enchaînées l'une à l'autre. Comment dégager le maximum de valeur de cette énergie, quand ses cours étaient à ce point instables ? Certes, les prix du gaz semblaient plus constants, les contrats se traitant majoritairement à long terme. Mais la dérégulation du marché européen, inaugurée par une première directive en 1998, eut pour effet de renforcer la part des contrats de court, voire de très court terme, avec pour conséquence d'amplifier les variations de prix, à la hausse comme à la baisse. La seconde question se posait en ces termes : comment, pour dégager un maximum de valeur, rabattre l'énergie produite sur le territoire national, comme le souhaitait le Parlement dès 1971, afin qu'elle y soit traitée avant toute exportation ?

À la première question, le gouvernement norvégien a répondu de manière forte et raisonnée, en se dotant de tout un arsenal de règles techniques, fiscales et environnementales destiné à encadrer les opérateurs pétroliers. Ces règles ont été très largement reprises et précisées par une loi-cadre consacrée aux hydrocarbures en novembre 1996 qui détaille les modalités d'octroi des licences, tout comme les conditions d'exploitation des gisements. Par ailleurs, les pouvoirs publics ont affirmé dès le début de l'aventure *offshore*, leur volonté de participer directement à l'exploitation des ressources. Ils ont donc créé en 1972 une société publique, Statoil, en vue de participer à la prospection et à l'exploitation des hydrocarbures. L'État lui confiant au moins la moitié des parts des concessions, Statoil a grandi rapidement pour devenir l'une des plus importantes entreprises pétrolières européennes. Même si la société a été partiellement privatisée en 2001 (l'État conserve tout de même les deux tiers du capital de la société, devenue Equinor en 2018), elle reste l'outil essentiel de contrôle de l'exploitation *offshore* (comme l'est sur le plan administratif, la Direction des Pétroles, devenue au début de l'année 2024, la Direction du Plateau continental, installée à Stavanger). De plus, une partie des avoirs pétroliers que détenait l'État au travers de Statoil a basculé en 1985 dans une autre structure publique, la *Statens Direkte Økonomiske Engasjement (S.D.Ø.E.)* dont les actifs sont gérés depuis 2001 par l'entreprise publique Petoro. Au total, les revenus pétroliers de l'État ne sont pas seulement alimentés par les impôts, mais aussi par les revenus des actifs qu'il détient dans l'économie pétrolière. D'où la part finalement très significative des hydrocarbures dans les revenus de l'État (fig. 2).

Quant au rabattage des flux d'énergie sur le sol national, il s'est révélé finalement assez complexe. Sur le plan technique, la fosse qui s'interpose entre les gisements de la mer du Nord et le littoral norvégien a paru au départ un obstacle difficile à franchir par un réseau de conduites. C'est pourquoi deux conduites furent installées directement vers les côtes allemandes pour le gaz d'Ekofisk et vers les côtes britanniques pour le pétrole du même gisement (réseau Norpipe, mis en place en 1975-1977). Par la suite, le réseau de conduites s'est considérablement développé, essentiellement pour le gaz, le pétrole pouvant être évacué sur les différents sites par des pétroliers navetteurs grâce à des bouées de chargement. Les gazoducs les plus importants sont Zeepipe, mis en service en 1993 pour évacuer le gaz naturel vers Zeebrugge, puis Franpipe en 1998 vers Dunkerque, sans parler d'Europipe 1 et 2 vers l'Allemagne en 1995-1999. L'un des plus récents et surtout le plus long est le gazoduc Langeled qui permet d'évacuer le gaz d'Ormen Lange vers Easington en Angleterre.

En réalité, il s'agit moins d'une accumulation de conduites que de la mise en place d'un véritable réseau, connectant les gisements les uns aux autres et surtout rabattant pour traitement le gaz *offshore* vers des terminaux terrestres (fig. 4). Dans un sens, c'était répondre au désir initial des pouvoirs publics, avec l'installation en 1985 d'un premier terminal à Kårstø au nord de Stavanger. Il sera suivi de celui de Kollsnes au nord de Bergen, puis de Nyhamna dans le Møre og Romsdal, ce dernier étant destiné à traiter le gaz d'Ormen Lange avant son injection dans le gazoduc Langeled. Plus au nord encore, le terminal de Tjeldbergodden reçoit le gaz du gisement de Heidrun pour en faire du méthanol.

Il est à noter que les progrès des technologies *offshore*, en limitant les installations en mer, voire en les supprimant complètement à la seule exception des têtes de puits sous-marines, « forcent » les opérateurs à multiplier les terminaux à terre, avant la réinjection du gaz dans les conduites d'exportation. Les gisements les plus au nord, déconnectés de ces mêmes conduites d'exportation, nécessitent la mise en place à terre d'installations de traitement et de liquéfaction, le gaz étant ensuite exporté par voie maritime sur des méthaniers. C'est bien le principe qui a été adopté pour le gisement de Snøhvit, son gaz étant amené à terre par conduite, puis traité et liquéfié sur l'île de Melkøya, devant Hammerfest. Si les terminaux sont tenus par *Equinor*, la plupart des conduites sont la co-propriété de nombreux opérateurs, regroupés dans la *joint-venture Gassled*, mais la société qui a la charge de leur fonctionnement est une société publique, *Gassco AS*.

En fait, les pouvoirs publics ne se sont pas contentés d'intervenir dans les moyens de traitement et d'évacuation du gaz. Ils ont également poussé à la mise en place d'une véritable filière de transformation industrielle, avec la création, dès les années 1970, d'un pôle pétrochimique à Rafnes, dans la commune de Bamble (Telemark), destiné à produire de l'éthylène et du propylène à proximité du complexe de Herøya, déjà signalé dans le chapitre précédent. Ce complexe est aujourd'hui contrôlé par *Ineos* qui dispose par ailleurs d'une usine voisine pour élaborer des polymères, une conduite reliant Herøya pour approvisionner une usine de polychlorure de vinyle. Ainsi le complexe industriel de Herøya-Rafnes est bien l'héritier des deux révolutions énergétiques qui se sont succédé en Norvège, l'hydroélectricité d'abord, les hydrocarbures ensuite. Par ailleurs, une nouvelle raffinerie, tenue cette fois-ci par *Equinor*, a été implantée au nord de Bergen, à Mongstad, afin d'aider à la transformation nationale du pétrole extrait en mer du Nord. Ouverte en 1975, cette raffinerie a une capacité de l'ordre de 12 millions de tonnes, sa production étant largement destinée à l'étranger. Il est à noter qu'il existait en Norvège deux autres raffineries, mieux calibrées par rapport aux besoins du marché intérieur. La raffinerie de Slagentangen, près de Tønsberg sur les rives occidentales du fjord d'Oslo, avait été ouverte en 1960-1961 par Esso avec une capacité de raffinage de l'ordre de 6 millions de tonnes par an. Shell en avait ouvert une autre à Sola près de Stavanger quelques années plus tard (1967-1968) avec une capacité moindre (2,5 puis 3 millions de tonnes). Leur taille modeste les a finalement condamnées puisque Sola a fermé en 2000 et Slagentangen devait être converti en simple terminal de stockage en 2021.

On mesure ainsi indirectement le décalage entre le fonctionnement de l'économie « domestique » et l'*offshore*, ce dernier étant structurellement tourné vers les marchés internationaux. Or c'est bien cet *offshore* qu'il s'agit aujourd'hui de défendre, autant pour ses effets directs sur les exportations que pour son rôle d'entraînement sur de nombreux pans de l'industrie et des services.

Note

[10] Il s'agit ici des surfaces au-delà de la mer territoriale, cette dernière couvrant déjà plus de 56 000 km². En toute rigueur, la Z.E.E. est calculée à partir des lignes de base, incluant donc la mer territoriale qui répond à des critères de souveraineté spécifiques. C'est dire la capacité de projection de la Norvège sur ses mers bordières, d'autant que le littoral très articulé et encombré d'îles justifie l'existence de lignes de base droites « décollées » du trait de côte. En deçà de ces lignes de base, la Norvège bénéficie donc de 89 000 km² d'eaux intérieures. En faisant la somme des eaux intérieures et de la mer territoriale, la Norvège dispose donc de plus de 145 000 km² d'eaux marines souveraines, soit l'équivalent de près de 45% de son espace continental (Svalbard exclu) !

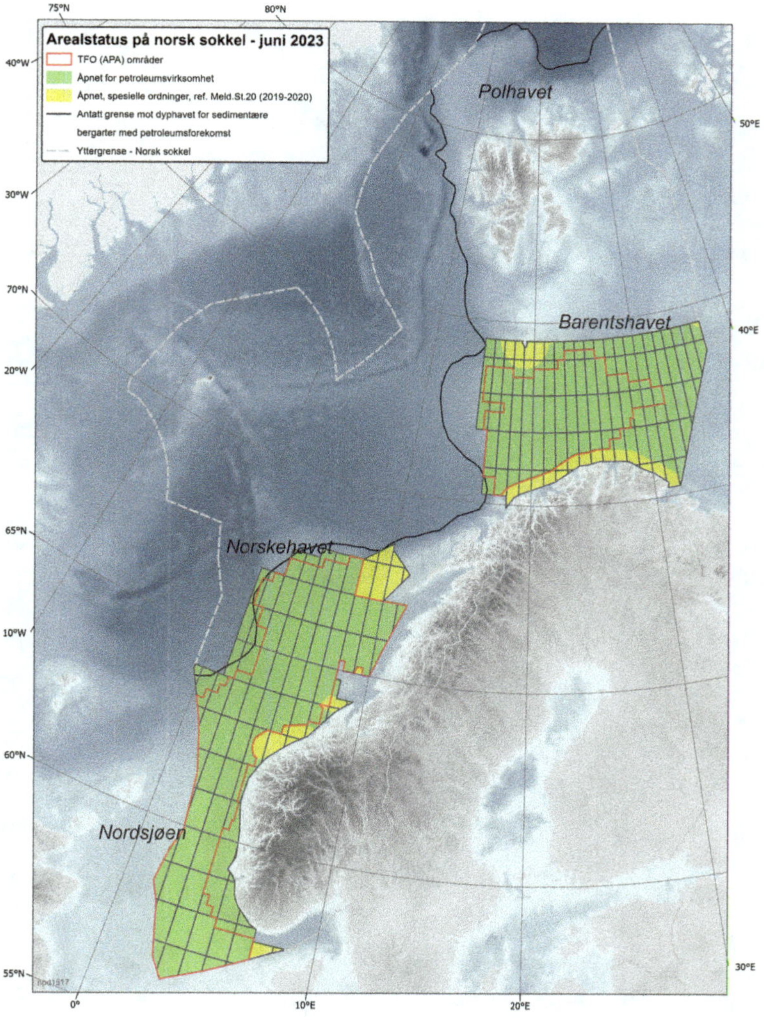

Figure 3. Le plateau continental norvégien selon ses différents statuts juridiques. En pointillé, limites officielles du plateau ; en noir, limites des roches sédimentaires ; en vert blocs ouverts à l'activité offshore ; en jaune, blocs ouverts sous certaines conditions ; en rouge, limites des aires pré-définies d'attribution. Source : norskpetroleum.no

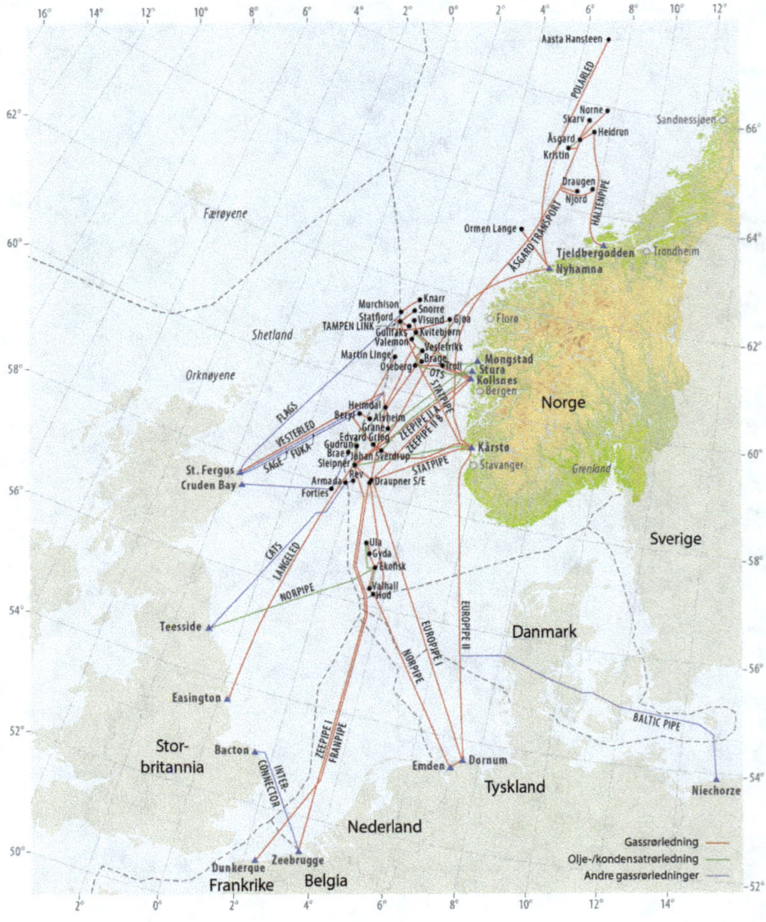

Figure 4. Le réseau de conduites à partir des gisements norvégiens (en rouge, gazoducs, en vert, oléoducs, en bleu, autres conduites). Source : norskpetroleum.no

Une nature carbonée à l'avenir limité, une technostructure pour lui survivre

L'impression d'excroissance économique liée à l'exploitation des hydrocarbures *offshore* est donc bien réelle malgré tous les efforts des pouvoirs publics pour coordonner cette exploitation avec les besoins et les capacités d'absorption de l'économie « domestique ». C'est par le poids des hydrocarbures dans les exportations que cette excroissance transparaît le mieux et plus largement par le rôle de ces mêmes hydrocarbures dans la balance des biens et des services, comme indiqué sur le tableau ci-dessous.

Tableau 3. Balance des biens et services de la Norvège avec l'étranger en milliards de couronnes. Source : SSB (pour les hydrocarbures, sont comptabilisés pétrole brut, gaz naturel et produits raffinés, pour les services *offshore*, sont également comptés les services liés au transport par conduites).

	1970	1980	1990	2000	2010
Import. Biens et services	**33,9**	**116,9**	**248,7**	**435,9**	**726,3**
Dont biens	27,3	88,3	177,1	297,2	477,2
dont hydrocarbures	*2,9*	*18,1*	*11,5*	*18,8*	*41,9*
Dont services	6,6	28,6	71,6	138,6	249,1
dont services offshore	*0,2*	*1,7*	*3,3*	*8,0*	*28,9*
Export. Biens et services	**33,4**	**136,1**	**295,6**	**689,3**	**929,1**
Dont biens	17,4	92,4	212,7	529,5	779,0
dont hydrocarbures	*0,3*	*44,4*	*100,3*	*336,5*	*493,4*
Dont services	15,9	43,7	82,9	159,8	250,9
dont services offshore	-	3,5	2,7	12,9	38,3
Couverture export/import biens et services	**98%**	**116%**	**119%**	**158%**	**128%**
Couverture export/import biens	64%	105%	120%	178%	163%
Couverture export/import services	240%	153%	116%	115%	101%
Couverture export/import biens et services hors hydrocarbures et services offshore	*107%*	*91%*	*82%*	*83%*	*61%*
Couverture export/import biens hors hydrocarbures	*70%*	*68%*	*68%*	*69%*	*66%*

Alors que la couverture des importations de biens et services par les exportations s'améliore de décennie en décennie (98% en 1970, 158% en 2000), cette amélioration étant due pour l'essentiel aux échanges de biens liés aux hydrocarbures, on constate que la couverture des importations de biens par les exportations hors hydrocarbures se dégrade ou du moins stagne à bas niveau, confirmant la relative désindustrialisation du pays depuis les années 1980. Contrairement à l'industrialisation qui avait accompagné la montée en puissance de l'hydroélectricité, l'excroissance économique engendrée par l'exploitation des hydrocarbures ne s'est donc pas accompagnée d'une poursuite de l'industrialisation à l'époque contemporaine.

On serait presque tenté d'évoquer le syndrome hollandais, tel qu'il avait été décrit pour l'économie néerlandaise au moment de l'expansion de ses exportations gazières. L'abondance des liquidités qui en avait résulté s'était accompagnée d'une augmentation des coûts de production et d'une appréciation de la monnaie nationale, entraînant la perte de compétitivité du pays. Certes, le modèle n'est pas forcément reproductible en l'état pour la Norvège, pour la double raison qu'une partie de la manne *offshore* a été captée par un fonds souverain, comme nous allons le voir plus bas, et que l'industrie et les services ont été partiellement redéployés dans le secteur énergétique, grâce à la conception et à la construction de matériels *offshore* ou la gestion de ces mêmes matériels par le milieu préexistant du *shipping*.

Mais alors se pose cette question : que cherche-t-on vraiment à défendre ? Une économie extravertie, tournée vers l'exportation de produits carbonés, dont le sort dépend étroitement de l'épuisement programmé de ses ressources fossiles ? Ou bien une industrie dont la technostructure de plus en plus complexe garantit la compétitivité et surtout permet l'accès à des ressources initialement très éloignées du champ des possibles ?

Chapitre 3

Une économie rentière à l'espérance de vie limitée

À l'aune du paradoxe qu'on est en train d'esquisser, la Norvège est effectivement un pays rentier de ses ressources énergétiques, l'effort de prospection étant réalisé dans le seul but de maintenir une certaine capacité de production pour satisfaire une clientèle extérieure très dépendante de sources d'énergie importées. Il apparaît en effet que les besoins « domestiques » sont assouvis très largement dans le contexte actuel, même si l'abondance des productions carbonées a eu pour effet de renforcer leur consommation dans le système énergétique national. Les dispositions prises, soit pour freiner la prospection afin de limiter la surchauffe de l'économie nationale, soit pour limiter la consommation immédiate des ressources financières engendrées par l'exploitation des hydrocarbures en les plaçant dans un fonds souverain, prouvent assez que la production d'énergie est dynamisée par sa consommation étrangère, plus que par des besoins spécifiquement nationaux. Il est évident que la Norvège en tire une posture géopolitique assez singulière, puisqu'elle est courtisée en période de forte tension sur les marchés internationaux, par des consommateurs aussi puissants qu'empressés, le pays tentant de répondre par des arguments soucieux de ses propres intérêts et un discours de puissance « pétroéthique », dont les objectifs ne sont pas toujours en conformité avec les réalités du terrain (Jacob, 2011).

Il est certain que la place de la Norvège dans le concert des nations exportatrices d'hydrocarbures a toujours été plus importante que sa participation à la production mondiale, sa part dans les réserves mondiales étant encore plus modeste. C'est le signe évident de la pression de la consommation internationale sur la production norvégienne et de l'inscription du pays dans la catégorie des producteurs à cycle court, dont les coûts d'exploitation sont élevés, ce qui rend nécessaire de la part des opérateurs une rentabilité immédiate de leurs capitaux investis. Le pays est en effet très sensible à la conjoncture des marchés internationaux de l'énergie et doit écouler au mieux sa production en période de hausse des prix, quitte à épuiser ses réserves exploitables à un rythme élevé. En effet, la modestie relative de sa production à l'échelle mondiale le rend très vulnérable à l'égard des hésitations du marché, à l'inverse des producteurs à cycle long qui peuvent peser sur les prix selon l'état de la demande internationale, en faisant varier à volonté le niveau de leur production. On peut s'en assurer en reprenant l'état des réserves exploitables au 31 décembre 2013 (tableau 4), puis en les comparant avec les mêmes données pour le 31 décembre 2021 (tableau 5). En ne tenant compte que des gisements en cours d'exploitation ou ayant déjà fait l'objet d'un plan de développement approuvé par les pouvoirs publics, voire des gisements dont l'exploitation était envisagée à cette date par les entreprises disposant de licences, on ne comptait plus que 3,2 milliards de m^3 eq. pétrole en 2013 et moins de 2,7 milliards de m^3 en 2021, soit une espérance de vie, au rythme de l'extraction annuelle du moment, d'une quinzaine d'années seulement. Le ratio entre les produits à extraire et les produits déjà extraits depuis le début de l'exploitation était donc très médiocre, de l'ordre de 0,51 en 2013 et de 0,33 en 2021. Pour reprendre la question gisement par gisement, on s'aperçoit qu'à la fin de l'année 2021, 93 gisements sont encore en production, mais on compte déjà 27 gisements fermés par suite de l'épuisement de leurs réserves (dont le site gazier de Frigg, l'un des pionniers de l'*offshore* norvégien, fermé depuis 2004), alors que seulement une demi-douzaine de gisements étaient prêts à entrer en production.

Les plus optimistes peuvent rétorquer qu'il est possible d'accroître de manière raisonnable les réserves exploitables grâce au stock des ressources marginales des gisements en cours d'exploitation ou grâce aux découvertes à venir (pour environ 1,5 à 1,7 milliard de m^3 eq. pétrole en 2013 et 1,4 milliard en 2021). En effet, il est tout à fait possible de renouveler les réserves exploitables des gisements en maintenant la pression des poches d'hydrocarbures par des injections d'eau (ou de gaz) qui font reculer d'autant la fin programmée de la production. Par exemple, le gisement d'Ekofisk avait des ressources initiales de l'ordre du milliard de m^3 de pétrole auxquelles s'ajoutaient 286 milliards de m^3 de gaz naturel. Mais on estimait au départ que seules 17% de ces ressources pouvaient être extraits, ce qui correspondait à l'époque à la catégorie des réserves exploitables. Toutefois, les expériences d'injection d'eau amorcées en 1987 permirent d'élever ce pourcentage exploitable à la moitié environ des ressources initiales (soit 536 millions de m^3 de pétrole et 153 milliards de m^3 de gaz). De plus ces injections d'eau ont participé indirectement à la stabilisation du sol qui avait tendance à s'enfoncer, d'où l'obligation de rehausser les plates-formes d'environ 6 m pour les mettre hors des risques de submersion. Certes, avec la poursuite de l'extraction, les réserves sont dorénavant réduites à la fin de 2021 à 43 millions de m^3 de pétrole et à moins de 4 milliards de m^3 de gaz. Mais on peut escompter, avec des techniques encore plus sophistiquées d'extraction, réévaluer ces réserves à la hausse, compte tenu des estimations initiales des ressources en terre.

Par ailleurs, la densité croissante des gisements en exploitation permet de mettre en réseau des sites secondaires d'extraction en rabattant leur production sur les installations des gisements principaux, les coûts de mise en production étant alors sensiblement réduits. On peut réaliser cette mise en réseau, soit par des forages horizontaux qui permettent de rabattre les produits extraits sur des installations déjà en place, soit par des plates-formes, ou mieux encore par des têtes de puits sous-marines, connectées par conduites sur ces mêmes installations. Là encore, Ekofisk est un bon exemple car il est entouré de champs secondaires qui ont bénéficié de ses infrastructures. Le premier fut celui de Valhall, gisement mixte d'assez modeste envergure, à 35 km au sud-est d'Ekofisk et connecté au réseau Norpipe dès 1982. Il fut suivi par des gisements encore plus éloignés : Ula à 65 km au N.N.W. d'Ekofisk, dont la production est rabattue sur Ekofisk en 1986, Tommeliten en 1988, Hod en 1990, Gyda en 1991, Embla en 1992. Même si ces gisements secondaires ne sont plus tous en activité, ils ont permis de consolider la production totale et de justifier le maintien des installations principales d'Ekofisk. Au total, Ekofisk, dont on prévoit de maintenir l'activité jusqu'au milieu du XXIe siècle, est devenue un archipel d'installations *offshore*, au centre d'un système satellitaire de champs secondaires. Par la suite, les mêmes stratégies furent appliquées aux autres grands gisements. Frigg par exemple a poursuivi son activité jusqu'en 2004 grâce au concours de sites secondaires comme Nord Øst Frigg, Odin, Øst Frigg ou Lille Frigg. Statfjord, gisement majeur de la fin du XXe siècle, a permis le développement des gisements voisins de Statfjord Nord, Statfjord Øst ou Snorre, mais aussi du gaz de Gullfaks. On n'est donc plus en présence de sites isolés, exploités au hasard des circonstances et du potentiel estimé de leurs réserves, mais bien d'un système complexe dont l'efficacité globale s'appuie sur l'interconnexion de ses divers éléments. Enfin, comme le plateau continental n'a pas encore été entièrement prospecté, il est possible d'envisager la découverte de ressources nouvelles encore plus abondantes, par application d'un modèle homothétique de la situation actuelle, ce qui ne veut pas dire qu'on ait toutes les chances de les voir entrer un jour dans les réserves exploitables (tableaux 4 et 5).

Tableau 4. Potentiel des ressources d'hydrocarbures et réserves exploitables de la Norvège au 31 décembre 2013. Source : *Facts*, 2014, *Olje Direktoratet* (en milliards de m^3 eq. pétrole).

	Pétrole	Gaz naturel	NGL, condensats	Total
Déjà produit	3,9	1,9	0,3	6,2
Réserves exploitables	0,9	2	0,2	3,2
Ressources susceptibles de basculer dans les réserves exploitables	1,2	0,6	0,1	1,9
Estimation des ressources non découvertes	1,3	1,5	0,1	2,9

Tableau 5. Potentiel des ressources d'hydrocarbures et réserves exploitables de la Norvège au 31 décembre 2021. Source : *Olje Direktoratet.* (en milliards de m^3 ep. pétrole).

	Pétrole	Gaz naturel	NGL, condensats	Total
Déjà produit	4,6	2,8	0,6	8
Réserves exploitables	1	1,4	0,2	2,6
Ressources susceptibles de basculer dans les réserves exploitables	0,7	0,6	0,1	1,4
Estimation des ressources non découvertes	1,9	1,7	0,1	3,8

Il résulte de la consultation des tableaux 4 et 5 que c'est le pétrole qui est dans la situation la plus délicate, avec une espérance de vie limitée au rythme de l'extraction actuelle (une dizaine d'années tout au plus, contre un peu moins d'une vingtaine d'années pour le gaz), le ratio entre pétrole déjà extrait et réserves exploitables tombant à 0,2 (un peu plus de 1 pour le gaz naturel). Par ailleurs, les zones pionnières (mer de Norvège et mer de Barents) représentaient plus de 70% des ressources non découvertes en 2013, mais la mer du Nord demeurait la zone mature la plus sûre pour les réserves exploitables (près de 70% des réserves exploitables et un pourcentage à peu près identique pour les ressources susceptibles de basculer dans les réserves exploitables). On comprend donc dans ces conditions qu'il faut aller chercher les pics de production du pays dans un passé plus ou moins proche, en 2001 pour le pétrole (162,5 millions de tonnes, soit 4,5% de la production mondiale du moment), en 2012 pour un premier pic pour le gaz (114,7 milliards de m^3, soit 3,4% de la production mondiale). Dans le concert des nations productrices, cela reste peu.

Les pouvoirs publics sont bien conscients du manque de durabilité de cette économie rentière et ont donc cherché à allonger au maximum ses heureux effets dans le temps. Maîtres du jeu de l'attribution des licences, ils ont souvent renâclé à ouvrir trop rapidement cette attribution aux appétits des opérateurs. La partie nord de la mer de Barents, le nord-est de la mer de Norvège, le Skagerrak et tout le sol entourant l'île de Jan Mayen sont encore fermés aux concessions. Mais il est évident que la tentation est forte, surtout en période de mauvaise conjoncture, d'ouvrir des zones de plus en plus étendues à la prospection, voire de hâter la mise en œuvre de nouveaux gisements, et ces enjeux ont toujours nourri les débats les plus vifs au sein de la société et du personnel politique norvégien (note 1 de l'introduction).

À l'inverse, un certain consensus s'est créé autour d'une épargne des ressources financières publiques engendrées par les hydrocarbures, grâce à la création en 1990 d'un fonds souverain (*Statens Pensjonfond-Utland, S.P.U.*). Ce fonds d'investissement est conçu comme une sorte d'assurance-vie pour les générations futures quand les ressources carbonées seront épuisées. Il est alimenté par les revenus pétroliers de l'État (une fois déduits les éventuels déficits annuels de son budget hors hydrocarbures). Il dispose, depuis les premiers versements effectués en 1996, de plus de 8 000 milliards de couronnes en 2018 (soit en gros 1 000 milliards de dollars), ce qui en fait le premier fonds souverain au Monde (avec près de 12 000 milliards de couronnes en 2021-2022, soit trois fois la valeur du PNB annuel du pays, fig.5 !). Gérés par la Banque de Norvège, ses placements sont répartis en investissements immobiliers et surtout en actions et obligations de 9 000 entreprises étrangères, selon une clé de répartition en 2016 de 62,5% en actions, 34,3% en obligations, le solde (3,2%) revenant aux placements immobiliers. L'intérêt du système réside dans le fait que les revenus des placements de ce fonds participent à la consolidation des comptes du S.P.U., le dégageant progressivement de la stricte dépendance pétrolière. Il est aussi une arme politique pour promouvoir une conception éthique de l'économie, en refusant de placer de l'argent dans des entreprises violant les droits humains ou engagées dans des activités comme la production d'armes ou de substances nocives (tabac), ou provoquant de graves perturbations environnementales. Cela dit, la conception éthique s'arrête aux portes des intérêts bien compris d'une bonne rentabilité de l'argent investi, puisque les placements sont largement tournés vers l'Amérique du

Nord (42% en 2016), l'Europe (36%), l'Asie-Océanie (18%) et très peu vers le reste du monde, l'Afrique notamment. Quant aux placements immobiliers, ils sont surtout consacrés aux grandes métropoles et à leur offre de bureaux (raison pour laquelle la France et Paris sont bien placées dans le registre immobilier, près de 15% contre un peu plus de 5% pour les placements en actions).

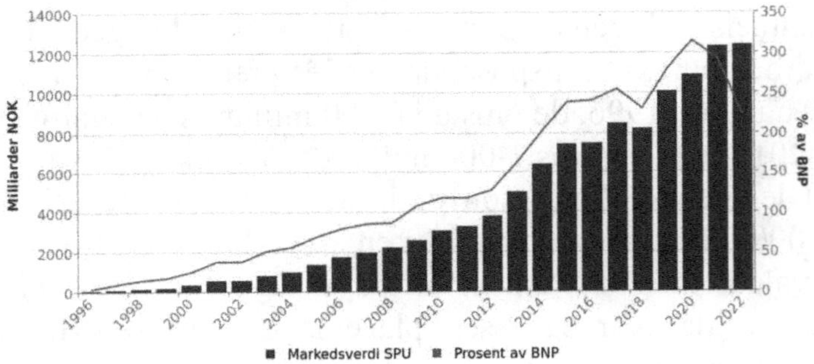

Figure 5. Les fonds cumulés du SPU (au prix du marché) en milliards de couronnes (à gauche) et leur valeur par rapport au PNB (à droite) entre 1996 et 2022. Source : norskpetroleum.no

Chapitre 4

Des ressources aux réserves par la promotion de la technostructure

Pour cerner les enjeux abordés dans ce chapitre, il faut rappeler que l'*offshore* norvégien est né à une époque où les opérateurs pétroliers ne connaissaient pas grand-chose à l'exploitation en mer, la couche d'eau au-dessus du sol étant particulièrement déroutante pour des techniciens habitués à traquer la ressource dans les profondeurs des couches sédimentaires des terres émergées. Pour reprendre les termes d'un journaliste français, Claude Lorieux (1979), « les pétroliers ont mis les pieds dans l'eau comme un chasseur qui passe sur le territoire de son voisin à la poursuite d'un sanglier ou d'une compagnie de perdrix levée sur sa propriété ». Démunies en matériel réellement efficace, mais poussées à investiguer en raison du déclin de leurs ressources à la suite des séries de nationalisations dans les pays producteurs, les compagnies pétrolières sont entrées en mer du Nord sans grande expérience maritime, alors que les conditions naturelles y sont bien plus rudes que dans le golfe Persique ou même le golfe du Mexique. La mer du Nord est en effet un domaine de « mauvais temps moyen permanent », surtout pendant la mauvaise saison, avec des houles puissantes qui peuvent se propager sur de grandes distances, en particulier lorsque se développe un axe de basse pression de la Scandinavie à la Méditerranée, portant les vents au nord-nord-ouest, l'aire génératrice de la houle étant alors dans l'axe de la plus grande dimension de la mer du Nord. Au total, la profondeur d'eau, la longue durée de la mauvaise saison, l'éloignement des gisements, les nuits hivernales interminables à ces latitudes : tout semble se liguer contre l'appétit des opérateurs pétroliers.

A contrario, la Norvège était un pays de marins et surtout, un foyer de puissante concentration de l'industrie et des techniques du *shipping*. En 1967-1968, les armements norvégiens détenaient le dixième de la flotte marchande mondiale et la flotte sous pavillon national atteint son maximum en 1976 avec un tonnage de 27,5 millions de t.j.b.. Il faut rappeler à ce sujet que la balance des biens et services du pays, avant de profiter des exportations d'énergies carbonées, devait son équilibre aux frets gagnés par la marine marchande, frets qui assuraient encore plus du tiers de la valeur des exportations de biens et services au début des années 1970 (et même plus de 40% tout au long de la première moitié du XXe siècle). Parallèlement, les nombreux armateurs norvégiens, la plupart du temps d'origine familiale, ont profité de l'essor de services spécialisés (courtage, cabinets-conseils) dont la pièce maîtresse est incontestablement Det Norske Veritas (DNV), société spécialisée dans la classification des navires. L'industrie n'a pas été oubliée, avec la forte croissance de la construction navale jusqu'au début des années 1970 (avec un peu plus d'un million de t.j.b. assemblés en 1975, contre une cinquantaine de milliers de t.j.b. en 1950) et un peu plus de 30 000 personnes employées (Ågotnes et Heiret, 2017). Chaque année, les chantiers nationaux livraient aux armateurs norvégiens plusieurs centaines de milliers de t.j.b. (pour un maximum de 684 000 t.j.b. en 1973), soit entre 10 et 20% de leurs besoins annuels de navires, le complément étant trouvé auprès de constructeurs étrangers, en Suède et au Japon surtout. Il faut signaler ici que les commandes dynamiques des armateurs norvégiens étaient encouragées par une politique fiscale favorable à l'amortissement rapide des investissements, poussant ainsi à l'acquisition de navires neufs aux dépens du maintien en flotte de navires anciens. Par ailleurs, de puissants armements avaient des intérêts dans le capital des chantiers de construction. Fred Olsen par exemple fut le principal actionnaire des chantiers Aker de 1917 à 1985. Sig.Bergesen d.y., armement spécialisé dans le transport de vracs, en fit de même pour les chantiers Rosenberg de Stavanger de 1942 à 1970. À l'inverse, des entreprises industrielles, comme Kvaerner, n'ont pas hésité à investir le transport maritime pour garnir le carnet de commandes de leur division navale, de sorte que de véritables filières intégrées ont pu se mettre en place de manière durable. Signalons enfin qu'à l'ombre des chantiers, s'était développé tout un secteur d'équipements (matériel de propulsion, électronique navale, matériels de pont, architecture et conception des navires), de sorte qu'en 1966, sur un peu plus de 34 000 personnes engagées dans l'industrie navale, près de 27 000 étaient occupées dans les chantiers mais près de 7 200 travaillaient dans la production d'équipements (Garreau, 1969). Au total, lorsque l'*offshore* norvégien prend son essor au début des années 1970, le milieu des armateurs et des industriels était prêt à l'assister dans son envol.

Pour comprendre cette synergie naissante, il faut rappeler que produire en mer est l'aboutissement d'un travail prodigieux, étalé sur plusieurs décennies et rythmé par une série de séquences invariables. La recherche sismique, puis les forages d'exploration et d'évaluation des gisements découverts sont les premières étapes. Arrivent ensuite la conception et la construction des matériels destinés à l'extraction et à l'évacuation des produits. Des bases logistiques, des terminaux terrestres se mettent en place avec une foule de navires de liaison avec les gisements *offshore*. Il faut songer quelques années plus tard au maintien en production par la stimulation des puits et la recherche de réserves résiduelles. Il faut enfin penser à la fin de l'exploitation et au démontage éventuel des matériels mis en place. Toutes ces séquences exigent des compétences et des matériels spécialisés, ces matériels étant renouvelés constamment en raison de leur rapide obsolescence, liée à l'évolution permanente des technologies. Bien sûr, sur un plateau continental où la mise en œuvre des gisements s'étale sur de nombreuses années, toutes ces séquences ne sont pas concordantes chronologiquement et s'étalent donc dans le temps.

Il importe de distinguer deux types d'enjeux technologiques : d'une part, celui des matériels fixes, conçus selon les caractéristiques de chaque gisement à exploiter (ils sont alors du ressort des opérateurs pétroliers) et d'autre part, celui des navires et matériels flottants, pouvant se déplacer d'un gisement à un autre, et dont les modes de gestion sont proches des flottes marchandes conventionnelles, par des affrètements auprès d'armateurs spécialisés.

La première catégorie de matériels est une affaire de génie civil, d'ingénierie et de grande industrie. De ce point de vue, les opérateurs pétroliers ont trouvé des interlocuteurs privilégiés auprès des grands groupes de la construction navale norvégienne (Aker ou Kvaerner) qui se sont d'ailleurs empressés de quitter la construction traditionnelle, laissant alors le champ libre à leurs concurrents asiatiques, japonais d'abord, puis sud-coréens et maintenant chinois (Ågotnes et Heiret, 2019). Aker par exemple prend la décision d'abandonner la construction navale en 1982 pour se consacrer exclusivement au montage des matériels *offshore* [11]. Dans ce but, l'entreprise a converti son chantier principal de Stord dont elle avait pris le contrôle dans les années 1950 afin d'en faire un site de production de très grands navires (jusqu'à 280 000 t.p.l.), en un site d'assemblage de plates-formes et de modules pour l'*offshore*. Aker a poursuivi sa conversion vers l'*offshore* en reprenant plusieurs sociétés de génie civil, en investissant un temps dans le ciment pour répondre à la vogue des plates-formes en béton et finalement, en jetant son dévolu sur son concurrent, Kvaerner, dont il prend le contrôle en 2002. Il a ainsi réuni l'ingénierie des deux entreprises sous le nom d'Aker Kvaerner, puis d'Aker Solutions en 2008 (même si Kvaerner réapparaît plus tard, du moins jusqu'à la fin de l'année 2020, tout en restant étroitement contrôlé par Aker). Au total, grâce à l'*offshore* qui lui confère les trois quarts de son chiffre d'affaires (83 milliards de couronnes en 2019), le groupe Aker ASA est l'un des plus puissants du pays avec 21 000 salariés établis en Norvège (37 000 en comptant les emplois à l'étranger). Aker ASA contrôle ou participe au capital d'une dizaine d'entreprises, avec notamment le pilier de l'*offshore* qu'est devenu Aker Solutions. Il est également engagé dans les opérations de forage et de production pétrolière et s'est rapproché de *Det Norske Oljeselskap* en 2009, puis de BP Norge en 2016 pour former Aker BP, dorénavant la principale filiale du groupe par sa capitalisation boursière. Dans l'organigramme d'Aker ASA, il n'y a plus de place pour la construction navale traditionnelle, les cinq sites norvégiens de production du groupe étant tous destinés à l'*offshore*, les deux plus importants étant ceux de Stord et de Verdal, ce dernier ayant été créé en 1971 sur les rives du Trondheimsfjord. En revanche, l'ancien site de Kvaerner, Stavanger-Rosenberg (planche II), racheté en 1970 et lui aussi converti à l'*offshore*, a été cédé à des intérêts locaux puis à un groupe de Bergen, avant de tomber dans l'escarcelle d'une entreprise australienne en 2013 (Worley Parsons).

La conception, construction et gestion des matériels mobiles procèdent d'une autre logique, puisque les opérateurs pétroliers peuvent trouver des interlocuteurs privilégiés auprès d'armateurs en recherche de diversification de leurs activités. Les plus puissants d'entre eux peuvent même devenir contracteurs de forage, en proposant aux compagnies pétrolières leurs plates-formes de forage, déplacées de site en site au hasard des circonstances. Ces matériels sont tout bonnement affrétés auprès des compagnies pétrolières, tout comme les plates-formes hôtels destinées à accueillir le personnel pendant les périodes de montage ou de maintenance. C'est ainsi que les armements affiliés à l'association des armements norvégiens (NRF, 2015, 2019) disposaient en 2015 d'une cinquantaine de plates-formes mobiles destinées au forage ou à l'hébergement pour travaux. Une bonne part de ces matériels avaient été conçus et assemblés dans les chantiers navals norvégiens, en particulier chez Aker qui s'est rapidement fait connaître comme l'un des meilleurs spécialistes des plates-formes semi-submersibles, les mieux adaptées aux mers difficiles comme la mer du Nord. Dès la fin des années 1960, Aker livrait sa première plate-forme semi-submersible, immédiatement utilisée sur le champ d'Ekofisk. Quarante ans plus tard, Aker en était à la sixième génération de ces engins, avec les *Aker Barents* et *Aker Spitsbergen*, capables de forer sous près de 3000 m d'eau en mer difficile.

Mais d'autres matériels moins sophistiqués, et pourtant tout aussi nécessaires à l'*offshore*, ont été rapidement mis au point et assemblés pratiquement en série. Il s'agit notamment de la déclinaison de plusieurs familles de navires : les PSV (*platform supply vessels*), les AHTS (*anchor handling tug supplies*), les IMR (*inspection, maintenance and repair vessels*), les OSCV (*offshore subsea construction vessels*), sans parler des navires de recherche sismique, des navires de levage ou de pose, des navires de surveillance et bien sûr des pétroliers navettes chargeant le pétrole sur des bouées en mer (planche III). Les armements norvégiens se sont largement engouffrés dans ces nouvelles opportunités du *shipping*, quitte à en délaisser ses aspects les plus conventionnels (Guillaume, 1996). Alors que leurs navires *offshore* (au sens strict) n'existaient pas encore au début des années 1970, on en décomptait au 1er janvier 2020, 342 sous pavillon national, auxquels s'ajoutaient 233 unités placées sous pavillon étranger.

Planche II. Les anciens chantiers Rosenberg de Stavanger d'où sont sortis la plupart des gros navires de l'armement Sigval Bergesen d.y., rachetés par Kvaerner puis convertis pour la construction de modules *offshore*. Cliché de l'auteur.

Parmi la foule des armements concernés, deux exemples permettent d'illustrer à la fois la puissance de certains de ces acteurs et les raisons pour lesquelles ils l'ont atteinte, à la charnière entre un enracinement local d'origine parfois ancienne et les sollicitations d'un marché très largement internationalisé. Peder Smedvig tout d'abord, qui après avoir investi dans l'industrie de la conserve à Stavanger, se lance entre les deux guerres dans le transport pétrolier international. Les débuts de l'exploitation du plateau continental norvégien lui donnent l'occasion d'une conversion progressive dans les services *offshore*, le pas décisif étant l'engagement amorcé en 1973 dans l'armement de plates-formes de forage. L'expérience est suffisamment concluante pour abandonner peu à peu le transport maritime du pétrole, Smedvig préférant investir dans les matériels de forage, en absorbant Dyvi offshore en 1988. Il devient même partenaire indirect de la production avec une plate-forme de forage, la *West Vision*, transformée en plate-forme de production pour le compte de Statoil, Smedvig en conservant la gestion sur le gisement de Veslefrikk. Finalement, l'entreprise est suffisamment alléchante pour faire l'objet d'un rachat très disputé en 2006 au profit de Seadrill, entreprise gérée depuis Houston et Londres mais contrôlée par John Fredriksen, norvégien de naissance ayant acquis la nationalité chypriote et qui dispose notamment d'un armement pétrolier parmi les plus importants de la planète (Front Line). Le fils de Peder Smedvig, Peter, ayant fondé préalablement une nouvelle société, Smedvig Capital, a réinjecté ses avoirs dans l'immobilier et les placements dans des entreprises diverses, la gestion étant assurée depuis la capitale britannique. Quant au second exemple, Solstad Offshore ASA, il révèle une autre forme d'évolution. L'armement au départ est dû à l'initiative personnelle de Johannes Solstad en 1964, armateur de Skudeneshavn, petit port sur l'île de Karmøy, au nord de Stavanger. Après quelques années passées dans des activités conventionnelles, Solstad tente l'expérience des petits navires de soutien à l'*offshore* en 1973. Il quitte même le transport maritime classique en 1982, même s'il y retourne en période de basse conjoncture pétrolière entre 1989 et 1998. Il se renforce ensuite dans le soutien à l'*offshore*, avec l'aide d'Aker qui contrôle aujourd'hui une part importante de son capital. À la suite de divers rachats d'entreprises, le plus décisif étant celui de l'un de ses principaux concurrents, Sverre Farstad en 2017, Solstad affiche ouvertement sa conversion à l'*offshore* en devenant Solstad offshore ASA en 2018. Il dispose aujourd'hui d'une flotte impressionnante de soutien à l'*offshore*, faite de navires *PSV*, *AHTS* ou *OSCV*.

L'acquisition d'une telle armada a eu des effets bénéfiques sur la construction navale, d'autant qu'elle subissait depuis les années 1980 un net déclin de ses effectifs, sous le double effet de la conversion de quelques-uns des grands chantiers dans la construction des plates-formes et modules *offshore* et de la concurrence sévère des chantiers asiatiques pour les navires conventionnels (Guillaume, 2021). Les effectifs de la construction navale sont tombés à 10 366 personnes en 2014 (OECD, 2017) mais la chute aurait été plus sévère s'il n'y avait pas eu l'appel d'air des commandes de navires *offshore,* en particulier pour les petits chantiers. On peut citer à ce sujet les chantiers Ulstein, implantés à Ulsteinvik dans le Møre og Romsdal. Ce sont eux qui ont mis au point un modèle de navire de soutien *offshore*, le type UT, adapté aux rigueurs de la mer du Nord. Ce modèle a été ensuite construit localement ou vendu sous licence à des chantiers étrangers à plusieurs centaines d'exemplaires (Groizeleau, 2011). Un tel succès permit à l'entreprise d'acquérir des établissements spécialisés dans les équipements navals (matériels électriques, électroniques, hydrauliques, appareils de propulsion), Ulstein devenant progressivement un pôle de haute technologie qui a fini par aiguiser l'appétit des grands groupes étrangers, Ulstein étant vendu au groupe britannique Vickers en 1999 (aujourd'hui Rolls Royce, qui l'a recédé néanmoins en 2019 au groupe norvégien Kongsberg). Une nouvelle entreprise Ulstein a refait surface en développant ses compétences en matière de design et de conception de navires innovants. C'est Ulstein par exemple qui a développé le principe de l'étrave inverse, le prototype, le *Bourbon Orca* sortant des chantiers en 2006 (planche IV). L'étrave inverse, justifiée pour des raisons d'hydrodynamisme, est maintenant assez répandue dans les flottes de service, voire parmi les petits navires de croisière d'expédition (Guillaume, *op.* cité).

Au total, sous l'impulsion de cette recherche permanente de haute technologie et d'innovation, la construction et les équipements navals deviennent un couple insécable dont les effectifs se hissent à plus de 36 000 personnes en 2014 (dont plus des trois quarts pour les seuls équipements, tableau 6).

Tableau 6. Les activités maritimes en Norvège (pêche exclue) en 2014. Source : OECD, 2017.

	Nombre d'emplois	% des emplois norvégiens	Valeur ajoutée (en milliards de couronnes)	Part du PNB
Shipping	45 420	1,7	109,6	3,9
Services	27 767	1	37,1	1,3
Total hors industries	73 187	2,7	146,7	5,2
équipements	25 953	1	33,5	1,2
Construction navale	10 366	0,4	8,2	0,5
Total industries	36 319	1,4	41,7	1,7
Total général	109 506	4,1	188,4	6,9

Planche III. Un *AHTS* dans le port de Stavanger. On distingue nettement les équipements de remorquage en arrière du château avant. Cliché de l'auteur.

Planche IV. Navires de soutien à l'*offshor*e dans le port d'Ulsteinvik, où sont implantés les chantiers Ulstein (le navire en premier plan est à étrave inverse). Cliché de l'auteur.

Le tableau 6, s'il permet de mesurer le poids exact des activités maritimes, ne se limite évidemment pas aux seules spéculations de l'*offshore*. Mais d'autres sources d'information, diligentées par exemple par l'Association des Armements norvégiens (NRF, 2015), permettent de se faire une idée de l'imbrication des activités navales dans l'*offshore* du pays. D'après ces sources, il y aurait 16 916 personnes engagées dans les activités *offshore* parmi les métiers du *shipping* en 2013 (contre 7 601 en 2004). Cette flotte très spécialisée de navires de soutien réalisait la même année 42 milliards de couronnes de chiffre d'affaires, contre 9,1 milliards en 2004.

Par ailleurs, la prise en compte des emplois pétroliers du pays permet, par diverses méthodes, d'apprécier le poids des emplois directs et surtout indirects engendrés par les hydrocarbures. Si on se limite aux seuls emplois directs engendrés par l'extraction des hydrocarbures (emplois de la production et des services), on peut les estimer à 65 000 environ au milieu des années 2010, les emplois des services dépassant les emplois de la production dès le début du XXIe siècle (fig. 6).

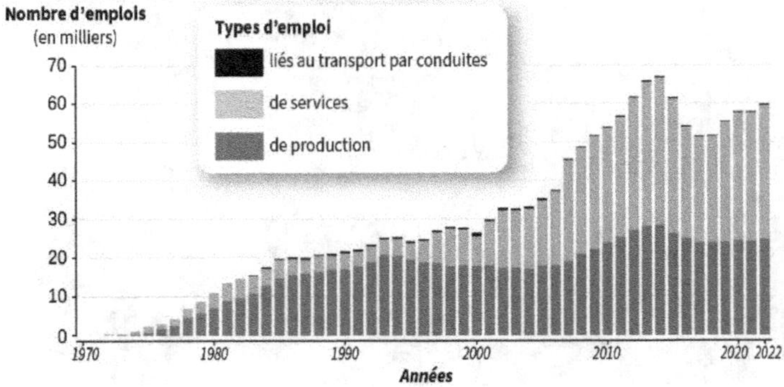

Figure 6. Les emplois directs engendrés par l'*offshor*e de 1970 à 2021 (en milliers). Réalisation : S. Charrier, université de Nantes. Source : norskpetroleum.no

Mais les effets indirects de l'*offshore* sont bien supérieurs à ces nombres. L'*Arbeidsdirektoratet* (la Direction du Travail) a suivi dans ses rapports (1994) l'évolution des premières décennies de l'activité *offshore* du pays, en classant les emplois en quatre groupes différents, treize types d'entreprises et 63 branches d'activité, témoignant ainsi de la complexité des liaisons entre les partenaires économiques et sociaux résultant de l'extraction des hydrocarbures [12]. Selon cette méthode, de 6 600 emplois en 1973, on est passé à 73 986 en 1994, dont moins de 20 000 dans les seules compagnies pétrolières. Le reste des emplois était à trouver chez les transporteurs, avitailleurs, personnels des bases à terre, employés des administrations, chercheurs et formateurs ou constructeurs d'équipements. Ainsi, la construction d'équipements est passée de 3 600 emplois en 1973 à plus de 25 000 en 1994, évolution finalement assez logique dans une phase de mise en place de ces nouvelles activités. Mais les autres groupes d'activité ont profité de la même dynamique, faisant ainsi naître un véritable milieu innovateur fait de sous-traitants et prestataires de services. Le signe le plus évident de cet apprentissage progressif est le repli des personnels étrangers, ces expatriés occupant encore en 1977 plus d'un emploi pétrolier sur cinq (pour 5 878 personnes), mais tombant à un emploi sur vingt en 1994 (pour un effectif de 3 171 personnes). Par ailleurs, les villes, où ces milieux innovateurs avaient le plus de chance d'émerger, ont pris rapidement le pas sur les sites liés à l'exploitation ou à la transformation matérielle des ressources. En 1994, Stavanger concentrait le tiers des emplois (et même près de 45% en tenant compte des communes voisines), Oslo, métropole avec une forte concentration du tertiaire maritime supérieur, de l'ingénierie et des métiers de la finance, disposait de plus de 10,5% des emplois avec le concours de la province voisine d'Akershus.

Le SSB propose des évaluations un peu différentes, tout d'abord en recensant les emplois directement concernés par l'exploitation des hydrocarbures, en progression constante jusqu'en 2014, comme nous l'avons vu plus haut. Mais aussi, le SSB se livre dans des rapports publiés régulièrement à une estimation des emplois directs et indirects liés à l'*offshore*, par l'intermédiaire des flux de commandes engendrés dans les différents secteurs de l'économie norvégienne (tableau 7). Leur part relative croisée avec le nombre d'emplois de chacun de ces secteurs permet d'extrapoler les emplois concernés par l'*offshore*. Ils sont estimés, d'après les données de 2019 à 163 000, dont un peu plus de 24 000 directement liés à l'exploitation et un peu plus de 18 000 dans l'industrie (dont 15 415 dans la fourniture de matériels, plates-formes ou navires). Ce sont les services qui sont les mieux placés avec près de 112 000 emplois (dont un peu plus de 14 000 spécialisés dans l'*offshore*). À noter que les emplois publics sont finalement assez modestes (près de 5 500), même si ces derniers ont la charge du pilotage de la réglementation et de la bonne gestion des ressources (du moins pour les personnels d'État qui représentent les deux tiers de ces effectifs).

On comprend donc les raisons pour lesquelles les pouvoirs publics suivent avec la plus extrême attention le sort de cette économie *offshore* dont la réussite se traduit par son imbrication étroite dans l'économie *onshore*. Ils le font avec d'autant plus d'intérêt que cet *offshore* a réussi à s'affranchir progressivement de ses emprises étrangères (les commandes avec l'étranger qui n'entrent évidemment pas dans le calcul des emplois directs et indirects, représentent une part minoritaire du total des commandes de l'*offshore* norvégien), alors même que les entreprises norvégiennes partent à la conquête des marchés étrangers.

Tableau 7. Évaluation des emplois directs et indirects engendrés par l'*offshore* en 2019. Source : Hungnes et *al.*, 2021. SSB.

Total	**163 583**
Secteur primaire	913
Industries	18 058
Dont matériels navals (plates-formes, navires...)	*15 415*
Bâtiment, Travaux publics	1 732
Production électrique	1 000
Exploitation des hydrocarbures	**24 352**
Services spécialisés dans l'offshore	**14 146**
Autres services	97 906
Administration publique	5 476

Ces entreprises profitent sur ce point du fer de lance d'Equinor, devenue multinationale des hydrocarbures en étant présente dans une trentaine de pays dans le monde (en particulier au Brésil, Mexique, Canada, Angola, Azerbaïdjan, pays dans lesquels elle dispose d'intérêts pétroliers *offshore*). Par ailleurs, les compétences des entreprises norvégiennes ne font aucun doute en matière de soutien logistique aux activités pétrolières, voire en conception et élaboration des matériels. Elles trouvent ainsi dans de nouveaux marchés l'occasion de revenus confortables, en Corée du Sud avec les besoins en matériels des chantiers navals, au Royaume-Uni, au Brésil, pays dotés de ressources *offshore*, aux États-Unis, avec des échanges croisés de matériels et d'ingénierie.

Un dernier argument peut être évoqué pour justifier l'intérêt pour cette technostructure. Par son efficacité même, elle permet de rendre possible l'exploitation de ressources qui, sans elle, seraient restées inaccessibles.

Autrement dit, le meilleur moyen de renouveler les réserves exploitables, est d'investir dans une technologie de plus en plus efficiente et dont l'objectif principal est de désolidariser les moyens d'extraction du contact avec le sol du plateau continental, voire de faire disparaître toute trace visible de matériels en mer.

Il faut rappeler qu'au départ, les seuls outils de forage étaient des plates-formes mobiles auto-élévatrices, limitées à des profondeurs d'eau inférieures à 100 m. Elles furent donc vite remplacées par des plates-formes semi-submersibles, car elles avaient le double avantage d'être ancrées au fond et donc d'être positionnées à des profondeurs d'eau bien supérieures et de disposer de flotteurs ballastés sous la surface agitée de la mer, améliorant ainsi considérablement la stabilité du matériel. Pour les gisements à exploiter, les seules solutions étaient de mettre hors d'eau les modules de traitement (*topsides*) en les faisant reposer sur des structures porteuses métalliques. Mais il n'était guère possible de s'attaquer à de grandes profondeurs d'eau, alors qu'il fallait multiplier les plates-formes fixes, leurs structures porteuses ne pouvant supporter des charges très lourdes. On a donc opté rapidement pour des structures en béton, d'autant que les côtes norvégiennes, fourmillant de baies abritées et profondes, permettaient l'élévation de colonnes en béton reposant sur des radiers progressivement ballastés au fur et à mesure des travaux. Il suffisait ensuite de remorquer la structure jusqu'à son lieu d'implantation en mer pour la faire reposer sur le fond par ballastage. Par ailleurs, les colonnes en béton permettaient de supporter des poids bien supérieurs à ceux des structures métalliques, avec des modules totalement intégrés qui en limitaient le nombre, donc le coût. Statfjord ou Gullfaks furent ainsi équipés chacun de trois plates-formes en béton à des profondeurs d'eau respectivement de 145 et de 220 m. La mise en valeur du gisement gazier de Troll a poussé le concept jusqu'aux limites du vraisemblable. Troll A est en effet une plate-forme en béton de 472 m de hauteur, compte tenu de la profondeur d'eau (300 à 340 m pour Troll Øst), son poids avoisinant les 656 000 tonnes !

Comme souvent, le gigantisme portait en germe sa rapide obsolescence au profit de solutions plus légères et mieux adaptées aux grandes profondeurs. Déjà, les navires de forage dont les premiers exemplaires apparurent dans le monde au début des années 1950, avaient permis une véritable révolution dans ce domaine, surtout depuis qu'ils furent associés à des techniques modernes de positionnement, les premiers navires de ce type entrant en service au début des années 1970. Les forages d'exploration purent alors dépasser très largement toutes les possibilités de l'exploitation (le record de forage dépassa les 1000 m de profondeur d'eau dès 1976, il atteint 3400 m en 2016). Ce décalage croissant entre les possibilités de la prospection et celles de l'exploitation a évidemment stimulé la recherche pour de nouvelles solutions afin de parvenir à exploiter ce qu'il devenait possible de découvrir. Les progrès des travaux sous-marins permirent d'envisager la pose de têtes de puits sous-marines reliées par flexibles à des unités flottantes, qu'elles soient plates-formes semi-submersibles, parfois avec un ancrage tendu obtenu grâce à un excès de flottabilité de la structure en surface (*TLP, tension leg platform*) ou qu'elles soient navires ou barges conçus à cet effet (*FPSO* pour sa conception la plus intégrée, *Floating Production and Storage Offloading*). Il était alors possible de s'attaquer à des gisements marginaux avec de tels matériels : ainsi le gisement pétrolier de Balder, découvert pourtant dès 1967, ne fut mis en exploitation qu'en 1999 grâce à un *FPSO*, le pétrole étant évacué directement par *tankers*. D'autres gisements appliquèrent la technologie des *TLP*, comme Snorre ou Heidrun, ce dernier utilisant une plate-forme flottante en béton à ancrage tendu. Là encore, l'amélioration de la circulation des flux par conduites et surtout la maîtrise de la télécommande et de la robotisation sous-marine permettent d'envisager la disparition complète des matériels en surface et leur pilotage à distance par des installations en mer, voire par des stations à terre. C'est la solution qui fut choisie pour Ormen Lange dont le gaz est piégé dans le sol sous 800 à 1100 m d'eau. Il a fallu dix ans, entre la date de découverte en 1997 et celle du démarrage de l'exploitation en 2007 pour maîtriser les technologies sous-marines nécessaires à la mise en œuvre du gisement. Snøhvit, sur les marges de la mer de Barents, se dispense également d'installations en surface, son gaz étant évacué et traité sur le terminal de Melkøya, devant Hammerfest. Au total, les progrès techniques permettent d'atteindre des réserves de plus en plus modestes, à des profondeurs de plus en plus grandes et dans des mers de plus en plus difficiles.

Mieux encore, ces progrès autorisent le basculement rapide vers d'autres formes d'énergie, renouvelables cette fois, comme l'éolien posé et flottant ou l'hydrolien. Ce basculement repose en effet sur tous les acquis de l'*offshore* pétrolier en matière de structures posées ou flottantes et de résistance des matériaux en milieu marin. De ce point de vue, la Norvège est connue pour avoir testé une éolienne flottante (projet *Hywind*, impulsé par Statoil) dont la technologie reprend celle des plates-formes SPAR (*Single Point Anchor Reservoir*). Il s'agit de plates-formes ancrées à grande profondeur et dont la flottabilité est assurée par un flotteur cylindrique immergé. Cet engin relativement simple de conception permet d'accéder à de petits gisements pétroliers sous de grandes profondeurs d'eau (comme celui d'Aasta Hansteen sous 1 270 m d'eau en mer de Norvège). Mais un premier champ éolien a adopté cette technologie en Écosse (5 éoliennes d'une puissance totale de 30 MW), prélude à la mise en œuvre en 2022-2023 du champ de Hywind Tampen qui compte 11 éoliennes flottantes d'une puissance totale de 88 MW, appelées à fournir de l'électricité aux plates-formes des gisements de Gullfaks et de Snorre.

Il n'en est pas moins vrai que cette technostructure pétrolière reste fragile et dépend des hésitations du marché international des énergies carbonées. Que faut-il alors défendre ? L'exploitation des ressources ou les moyens techniques qui permettent d'y accéder, l'exploitation devenant une motivation secondaire des stratégies économiques ? L'État norvégien a pris conscience du paradoxe dans lequel l'enferme progressivement la technostructure née des hydrocarbures. Il cherche alors à renforcer les *clusters* industriels au service d'une sophistication croissante des technologies *offshore*. Sa politique graduée en faveur de la recherche-développement des *clusters* l'a conduit à définir trois niveaux d'aides dont les plus significatives concernent les *Global Centres of Expertise* (GCE). Trois de ces GCE sont spécifiquement tournés vers l'*offshore* : le *Blue Marine Cluster* basé dans le Møre og Romsdal, en faveur essentiellement de la construction et des équipements navals, l'*Oil and Gas Subsea Cluster* basé à Bergen et l'*Oil Equipment and Drilling Cluster* basé dans le sud du pays.

Au total, l'intérêt de l'*offshore* norvégien tient au fait qu'en raison de son histoire étalée sur plus d'un demi-siècle, il permet de faire l'inventaire de toutes les technologies progressivement maîtrisées par les opérateurs pétroliers et leurs fournisseurs de matériels et de services. Cette digestion progressive du milieu marin par la technostructure est aussi celle d'une « norvégianisation » progressive des compétences qui représente dorénavant un enjeu majeur, si ce n'est l'enjeu principal du secteur énergétique du pays.

Notes

[11] Sous l'impulsion de son nouvel actionnaire de référence, l'homme d'affaires Kjell Inge Røkke, le groupe Aker a semblé revenir vers la construction navale à partir de 1996. Le groupe prend alors le contrôle de nombreux chantiers en difficulté, en Norvège et à l'étranger, en Finlande notamment. L'apogée de cette stratégie remonte à 2006 lorsque Aker s'empare d'Alstom-Marine, ex Chantiers de l'Atlantique à Saint-Nazaire. Toutefois, ce revirement ne fut qu'un bref épisode de consolidation financière d'un « empire » naval dont l'ampleur permettait d'espérer une revente rapide et à bon prix. La filiale navale du groupe, Aker Yards, est revendue à la surprise générale au constructeur sud-coréen STX en 2007-2008. Étape d'ailleurs très temporaire des restructurations capitalistiques, puisque STX, en difficulté, cède progressivement ses acquisitions européennes : STX Norway est cédé au groupe Westcon en 2012, STX OSV Holding à Fincantieri en 2013 qui dorénavant en fait sa filiale norvégienne sous le nom de Vard. Quant à STX France à Saint-Nazaire, il est finalement passé sous contrôle de l'État depuis l'échec de négociations avec Fincantieri, définitivement acté en janvier 2021.
[12] Le groupe 1 correspond à l'exploitation, forage, production. Le groupe 2 aux bases, transports, avitaillement et administration publique. Le groupe 3 à la construction des matériels et le groupe 4 à la construction et au fonctionnement des industries de traitement.

L'exploitation de la Nature aux dépens d'un environnement de moins en moins naturel

Nature, écosystème, environnement, tous ces termes s'entrechoquent et sont souvent pris les uns pour les autres. Ils témoignent simplement de la part de nos sociétés modernes d'un désir de vivre sainement, dans un cadre agréable, en évitant de sacrifier à nos besoins les richesses naturelles dont la diversité et l'abondance se rétractent au fur et à mesure de nos « progrès » techniques et de l'affirmation de nos modèles de développement. Et surplombant tout cela, les menaces exercées par l'Anthropocène, c'est-à-dire de la partie la plus récente de l'Holocène pour la première fois réellement affectée par nos prélèvements et rejets, deviennent un souci récurrent de l'Humanité. On ne cesse d'évoquer le réchauffement climatique, porté en germe par la révolution industrielle et dont les signes les plus tangibles apparaissent à la fin du XXe siècle, au point de faire aujourd'hui la presque unanimité auprès de la communauté scientifique. Cette conviction repose sur l'augmentation significative des gaz à effet de serre émis dans les basses couches de l'atmosphère, pratiquement corrélée avec la même évolution observée lors des périodes interglaciaires du Quaternaire, étudiées notamment à partir de l'analyse physico-chimique de l'air piégé dans les glaces anciennes de l'Antarctique ou du Groenland. Or cette augmentation de la teneur en gaz à effet de serre, à la différence des interglaciaires précédents, est bien liée à la combustion de charbon ou d'hydrocarbures dont le carbone avait été stocké pendant des millions d'années dans la lithosphère.

Peut-on alors exploiter la Nature sans nuire à notre environnement ? La réponse à cette question suppose tout d'abord de bien définir ce qu'on entend par Nature et environnement. La Nature, au sens radical du terme, est un composé d'éléments minéraux (le biotope) et d'espèces vivantes (la biocénose) fonctionnant en système interactif (l'écosystème). A priori, l'espèce humaine, douée d'intelligence prométhéenne et à fort pouvoir de diffusion, donc de contestation de toutes les barrières bioclimatiques que la Nature impose aux écosystèmes, est une menace permanente pour la Nature « naturelle ». En effet, sa présence perturbe, même à la marge, les écosystèmes, au point que certains auteurs parlent d'anthroposystème, dès lors que son action est avérée. Certes, il existe à la surface de la Terre, des espaces qu'on peut qualifier encore d'« espaces naturels », car l'Homme n'y est pas présent, ou si peu. S'exerce alors sur lui, dès qu'il y pénètre, la curieuse impression de ne plus être « au centre » et de faire partie de ce que l'on peut qualifier de Nature à l'état brut. Mais dès que l'action humaine devient efficace, c'est-à-dire dès qu'elle consomme plus d'énergie que sa force physique peut lui en procurer, la Nature se plie aux exigences de notre environnement. Il convient alors de parler plutôt d'« espaces de nature », c'est-à-dire d'espaces soumis à une évolution transitoire et somme toute assez fluctuante vers l'artificialisation. On peut les suivre selon leurs différents stades, depuis le point de départ de la Nature à l'état brut jusqu'à la Nature « truquée », reprenant de manière consciente une partie de son fonctionnement écosystémique, pour en faire de beaux « paysages », dont la forme la plus remarquable, mais aussi la moins « naturelle » serait le jardin à l'anglaise. On fabrique ainsi un cadre de vie, une ambiance, et pour tout dire, un environnement, dont l'objectif n'est pas de protéger la Nature, mais de satisfaire la Société. Or c'est bien cette Nature « truquée » qui est le rêve éveillé de la plupart de nos contemporains, condamnés à vivre dans l'artifice des espaces urbains. De ce point de vue, notre environnement est une Nature « outillée » et rendue utile. Sans cette prise de conscience, l'exploitation de la Nature serait déjà fabriquer un oxymore. En effet, l'exploitation des ressources naturelles consiste à placer la Nature sous un regard d'utilité, fait d'évaluation économique et technique. Elle entre derechef dans notre environnement dont le ressort est bien à mesurer à l'aune de nos besoins ou pire, à celui de nos appétits. Certes, l'exploitation des ressources marines, par la faiblesse apparente de ses emprises, éloignées du regard des populations côtières, ne semble pas altérer notre environnement, puisqu'elle n'affecte pas ou peu nos « paysages », terme fortement ancré dans nos conceptions environnementales, mais très éloigné du sens à donner à la Nature. Le paysage est en effet d'abord dans l'œil de celui qui le regarde, plus que dans la chose regardée. C'est d'ailleurs pour cette raison qu'une résistance indéniable des populations côtières à l'encontre de la création des parcs éoliens s'est développée ici ou là, dans la mesure où ces derniers altèrent le paysage vicinal, alors qu'ils ne font qu'utiliser les forces de la Nature (Oiry, 2017).

Pour ce qui concerne les ressources d'énergie carbonée, la question se pose en termes plus abrupts. On ne peut exploiter la Nature sans altérer l'environnement, par les émissions de gaz à effet de serre engendrées par l'exploitation (28% de toutes les émissions engendrées par la Norvège en 2017), par les rejets d'oxyde d'azote (une cinquantaine de millions de tonnes autour de la même date), les déversements en mer de produits chimiques (surtout pendant les périodes de forage) et les risques engendrés par les accidents éventuels. Dès lors, ce n'est plus seulement l'environnement qui est en danger, mais la Nature qui peut être altérée de manière irrémédiable.

Quant aux énergies renouvelables, hydroélectriques en particulier, sont-elles si respectueuses de la Nature, dès lors que leurs réservoirs d'eau couvrent de vastes surfaces ennoyées, que les régimes des cours d'eau sont durablement perturbés ou que les sites de capture ou de rétention d'eau sont profondément remaniés par les ouvrages de génie civil ? Si l'environnement semble être le seul enjeu, puisque la ressource est intégralement restituée à la Nature, on peut néanmoins s'interroger sur les altérations des écosystèmes qu'entraînent les techniques de capture et les outils de conversion et de transport de l'énergie (Faugli, 1994).

La Norvège s'obstine pourtant à chercher une voie de passage qui permettrait d'exploiter la Nature sans altérer l'environnement. Il faut rappeler à ce sujet que la Norvège est connue pour avoir contribué à la naissance du concept de développement durable, comme rappelé en introduction. Mais ce concept qui cherche à concilier l'environnement, le développement économique et l'épanouissement social, ne fait pas l'unanimité. Il met surtout en opposition les partisans de la durabilité forte et ceux de la durabilité faible, les premiers estimant qu'il peut y avoir substituabilité entre le capital naturel, c'est-à-dire les ressources de la Nature et le capital artificiel, c'est-à-dire les richesses créées par l'action humaine, alors que les seconds pensent que cette substituabilité est impossible, voire dangereuse dans sa conception même, puisqu'elle transforme la Nature en marchandise potentielle. Selon eux, il ne peut y avoir durabilité ou mieux soutenabilité qu'aux seules conditions que le rythme de consommation des ressources renouvelables n'excède pas le rythme de régénération de ces mêmes ressources, que le rythme de consommation des ressources non renouvelables n'excède pas le rythme auquel des substituts renouvelables peuvent être développés et que les pollutions engendrées par l'activité humaine puissent être absorbées sans risque par la Nature.

Sans aller jusqu'à promouvoir l'écologie profonde préconisée par le philosophe norvégien Arne Næss [13], on est bien obligé d'admettre que les partisans de la durabilité forte sont d'une exigence bien supérieure à celle des adhérents de la durabilité faible vers laquelle tendent, sans l'exprimer ouvertement, les politiques économiques et environnementales de l'État norvégien depuis plusieurs décennies. En effet, la promotion de la technostructure *offshore* est bien celle de la substitution d'un capital artificiel aux ressources naturelles, dont le volume des réserves a progressivement augmenté avec la progression de l'efficacité des « artifices » techniques, le stock ultime des ressources devant vraisemblablement resté en terre avec la découverte d'énergies de substitution. Par ailleurs, l'épargne de capital financier tiré des réserves d'hydrocarbures pour les générations à venir est tout à fait dans la logique de remplacement du capital naturel par le capital artificiel. La conséquence finale de cette stratégie globale est bien que la Nature compte moins que l'environnement et qu'elle peut donc être exploitée tant que l'environnement de la société n'en est pas durablement affecté. Dès lors se pose la question de la validité de cette stratégie : peut-on exploiter la Nature sans altérer l'environnement ? Et subsidiairement, peut-on protéger l'environnement sans modifier les écosystèmes naturels ?

Note

[13] Arne Næss (1912-2009) est un philosophe qui a marqué des générations d'intellectuels norvégiens, notamment par sa volonté d'associer étroitement le respect de la Nature à l'originalité culturelle et historique de son pays. Il développe à partir des années 1970, sa thèse de l'écologie profonde qu'il oppose à l'écologie superficielle, celle-ci ayant tendance à faire confiance à l'innovation technologique pour résoudre les problèmes environnementaux. Pour Arne Næss, la technologie ne peut rien résoudre et ne fait que déplacer les problèmes, voire en créer de nouveaux. La vraie solution passe donc par une prise de conscience profonde de la société et un changement

de ses comportements, d'où la promotion de ce qu'il appelle l'écosophie. Il s'est fait connaître dans les milieux francophones par la traduction tardive de quelques-uns de ses écrits, comme *Ecologie, communauté et style de* vie, paru en français en 2008 ou encore *Vers l'écologie profonde*, paru en 2009. Les idées d'Arne Næss ne font évidemment pas l'unanimité et font l'objet de controverses pour leur radicalité ou leur faible prise en compte de la question sociale dans les enjeux environnementaux.

Chapitre 5

L'impossible exploitation de la Nature sans altérer l'environnement

La société devient de plus en plus exigeante envers elle-même dès lors que son environnement, autrement dit son cadre de vie, est altéré par l'exploitation des ressources naturelles. Même si cette exploitation n'impacte guère les grands équilibres de la Nature, elle est ressentie comme une agression environnementale dès qu'elle bouscule l'ordonnancement des paysages et qu'elle induit des nuisances rapidement identifiées comme des dégradations de la Nature, alors qu'elles sont le plus souvent de l'ordre de la perception humaine, les nuisances (dont les effets disparaissent dès qu'on en supprime l'émission), étant alors assimilées à des pollutions, pourtant beaucoup plus perturbantes à long terme. À l'inverse, des pollutions objectives, graves et parfois irrémédiables de la Nature, ne s'imposent à la conscience humaine qu'avec retard ou qu'avec le recours à des analyses indirectes, dans la mesure où elles n'affectent pas immédiatement la perception de notre environnement.

C'est exactement ce qu'il s'est effectivement déroulé avec les sources d'énergie en Norvège. Alors que les sources renouvelables liées à l'hydroélectricité se sont heurtées à des résistances de plus en plus fortes, en raison des dégradations paysagères qu'elles étaient susceptibles de provoquer, les énergies carbonées ont longtemps bénéficié d'une certaine tolérance. Leurs perturbations restaient en effet peu visibles, même si leurs incidences naturelles étaient loin d'être négligeables et que les risques de survenue d'un aléa majeur n'étaient pas écartés, malgré toutes les précautions prises.

Le signe le plus clair de cette évolution des comportements à l'égard des sources d'énergie a été l'affaire du barrage d'Alta à la fin des années 1970, dans le nord du pays. Renforcée par l'opposition des Sames qui voyaient dans le projet du barrage la réduction de leurs pâturages et la disparition de l'un de leurs villages, l'hostilité contre l'équipement a été très vive et s'est matérialisée par la création d'une association d'opposition en 1978 (*Folkeaksjonen mot utbygging av Alta-Kautokeino Vassdraget*) qui a compté jusqu'à 20 000 adhérents. Des manifestations ont été organisées sur place, ainsi que devant le Parlement à Oslo. À la suite de la confirmation de la validité du projet par le Parlement, un millier d'opposants se sont enchaînés sur le site pour empêcher le début des travaux en janvier 1981. Finalement, sur décision de justice, les travaux purent débuter et la centrale fut inaugurée en 1987. Elle peut produire 625 millions de kWh avec une puissance installée de 150 MW grâce à un barrage-voûte retenant les eaux d'un lac-réservoir de 18 km de long. Ce conflit violent dans un pays réputé paisible a beaucoup marqué les consciences et a signalé un changement de comportement à propos de l'exploitation de la Nature, dès lors qu'elle touche à une modification significative de l'environnement (Hjortol, 2006). Certes, il n'est pas question de nier les arguments s'appuyant sur l'altération irrémédiable du site mais, à une échelle plus large, l'aménagement s'inscrivait bien dans une démarche de développement durable, puisque fondamentalement liée à des ressources renouvelables.

On peut repérer d'ailleurs une évolution plus globale des réglementations environnementales à l'égard du potentiel hydraulique dès 1973, lorsque le Parlement a adopté une succession de plans de protection des cours d'eau qui a débouché sur une nouvelle loi sur l'eau en

2000, se substituant à la précédente datant de 1940, renforçant le régime d'autorisation pour la mise en valeur des cours d'eau. Il en résulte qu'au 1er janvier 2014, l'équivalent de 50,9 milliards de kWh de potentiel hydroélectrique était soustrait à un éventuel aménagement (ce potentiel, rappelons-le, étant à la même date de 214 milliards de kWh pour une production effective de 136,2 milliards de kWh). Par ailleurs, les sites susceptibles d'être encore aménagés doivent depuis disposer d'un permis de construction, instruit par la NVE (dépendant du Ministère de l'Énergie) et par la Direction pour la Gestion de la Nature (dépendant du Ministère du Climat et l'Environnement), chacune de ses instances examinant les dossiers à l'aune du plan national pour l'énergie pour la première et du plan directeur pour la gestion des ressources en eau pour la seconde. Le plafonnement de la production hydroélectrique qui en résulte (elle atteint tout de même le record de 143,7 milliards de kWh en 2021, mais elle était déjà de 142,3 milliards en 2000) a facilité le décollage de l'énergie éolienne (35 millions de kWh en 2000, 11,8 milliards de kWh en 2021). Alors qu'une première éolienne est implantée en 1992 sur l'île d'Andøy dans les Vesterålen, le premier parc disposant d'une douzaine de turbines entre en production en 1998. Depuis, les parcs éoliens se sont multipliés, en gagnant en surface, en nombre d'éoliennes et en puissance installée. On compte maintenant une soixantaine de parcs, dont plusieurs disposent d'une puissance de plusieurs centaines de MW. Les conditions climatiques relativement favorables et la déréglementation du secteur électrique entreprise depuis le début des années 1990 expliquent ce succès rapide, mais il se heurte dorénavant aux mêmes résistances environnementales que le secteur hydraulique, les opposants remettant en cause ses impacts paysagers, jugés trop proches des artefacts industriels. Certains parcs, en particulier dans le Trøndelag, au centre de la Norvège, où ils pullulent depuis quelques années, rencontrent une hostilité telle que les autorités judiciaires ont donné raison aux Sames qui se plaignaient d'un dérangement manifeste de leurs troupeaux de rennes par les éoliennes. Cette décision prise en 2021 touche les champs de Storheia et de Roan sur la péninsule de Fosen (151 turbines d'une puissance cumulée de 543 MW pour les deux champs) et place l'État dans une situation délicate, puisqu'il avait autorisé la construction de ces parcs et leur mise en service en 2018-2019. La justice a invalidé ces autorisations, mais ne s'est pas prononcée sur le sort à réserver à l'exploitation des éoliennes existantes qui deviennent ainsi un sujet sensible pour les militants anti-éoliens.

Faut-il voir dans cette hostilité à la poursuite de l'équipement terrestre, la raison véritable du lancement à grande échelle de l'éolien en mer, annoncé au printemps 2023, avec les premiers appels d'offres pour une puissance espérée de 3 000 MW ? On se souvient que l'éolien en mer a déjà été testé avec les projets Hywind (voir chapitre 4) et la Norvège a donc l'expérience requise pour développer ce type d'énergie, même si les objectifs à moyen terme peuvent sembler très ambitieux (jusqu'à 30 000 MW en 2040, soit une puissance comparable au parc hydraulique actuel). En tout état de cause, l'effet de saturation de l'éolien terrestre est déjà bien visible et peut donc justifier de tels objectifs. Cependant, l'énergie éolienne ne gommera pas le handicap de l'irrégularité de la production des énergies renouvelables, déjà remarquée avec les variations annuelles ou saisonnières des volumes précipités et des écoulements du potentiel hydraulique [14].

C'est pourquoi il convient de redoubler d'effort pour améliorer l'efficacité du système énergétique traditionnel. Rappelons de ce point de vue que l'orientation très marquée du système énergétique en faveur de la production électrique recèle en soi un risque de déperdition et de gaspillage avec les pertes en ligne des réseaux électriques (la consommation finale d'électricité ne correspond qu'à 85% environ de sa production en 2021). D'où la nécessité de toujours promouvoir la meilleure efficacité possible, du double point de vue des composantes internes du système énergétique et de ses rapports avec la richesse que sa mobilisation est capable de produire en termes de produit national brut (intensité énergétique). C'est en ce sens qu'il faut comprendre la création d'une agence destinée à promouvoir l'efficacité énergétique en 2001 (*Enova*). Elle est financée par des allocations publiques et par une redevance prélevée sur les réseaux de transport électrique. Son action est dirigée vers les économies d'énergie dans l'industrie ou l'habitat et vers le développement de nouvelles formes d'énergie renouvelable (éolien mais aussi biomasse ou déchets).

La perception environnementale des énergies carbonées *offshore* est différente et a d'abord été asservie à la crainte des accidents. Il est vrai qu'une explosion eut lieu dès 1975 sur l'une des plates-formes du champ d'Ekofisk (plate-forme *Alpha*). Puis du 22 avril au 30 avril 1977, une violente éruption de pétrole se produisit sur une autre plate-forme du même champ (plate-forme *Bravo*). C'est à l'heure actuelle la plus grave pollution pétrolière jamais enregistrée en mer du Nord, une trentaine de milliers de tonnes de pétrole se déversant en mer, heureusement sans conséquences pour les côtes, la nappe se dispersant et s'évaporant rapidement. Puis ce fut le chavirage sur le site d'Ekofisk de la plate-forme *Alexander Kjelland* le 27 mars 1980 qui a été douloureusement ressentie par l'opinion publique. En effet, cette plate-forme semi-submersible, conçue initialement pour le forage, puis adaptée à l'hébergement des personnels, a été victime d'une rupture de fatigue de ses structures métalliques par une mer assez forte, le chavirage entraînant dans la mort 123 personnes. Elle fut suivie d'une autre catastrophe dans les eaux britanniques cette fois, avec l'explosion et l'incendie de la plate-forme *Piper Alpha* faisant 165 morts en 1988. Les accidents ont donc été surtout perçus comme des drames humains, et beaucoup moins pour leurs perturbations environnementales, finalement assez limitées. D'ailleurs, le dernier incident, lié à une fausse manœuvre lors du chargement d'un pétrolier sur le site de Statfjord A en décembre 2007, a entraîné un déversement limité, de 4000 m^3 environ de pétrole en mer, la nappe d'une étendue estimée à 23 km^2 n'atteignant même pas les côtes, le pétrole se dispersant ou s'évaporant au large. On est donc loin des catastrophes environnementales qui ont pu être observées en d'autres lieux, ce qui ne veut pas dire bien sûr qu'elles n'arriveront jamais en mer du Nord ! [15].

Mais vues sous cet angle, les raisons pour lesquelles le renforcement des règles de sécurité était prioritaire, semblaient parfaitement justifiées. Toutefois, la dimension environnementale n'a pas été oubliée et a finalement pris le pas sur les autres considérations. Rappelons tout d'abord que la Norvège est liée par une série d'engagements internationaux relativement contraignants. Par exemple, la convention Ospar, signée en 1992 et entrée en vigueur en 1998, est consacrée à la protection du milieu marin en Atlantique du Nord-Est. Elle engage les États riverains concernés, désignés comme Parties contractantes, à des mesures de protection coordonnées, en reprenant les acquis de conventions plus anciennes, signées à Paris (pour les pollutions telluriques) et à Oslo (pour celles des navires), tout en intégrant la question des sources et installations *offshore*. De manière générale, dans son article 2, la convention Ospar engage les Parties contractantes à prendre « toutes les mesures possibles afin de prévenir et de supprimer la pollution, ainsi que les mesures nécessaires à la protection de la zone maritime contre les effets préjudiciables des activités humaines, de manière à sauvegarder la santé de l'homme et à préserver les écosystèmes marins et, lorsque cela est possible, à rétablir les zones marines qui ont subi ces effets préjudiciables ». Il est même précisé que les Parties contractantes s'engagent au principe de précaution et à celui du pollueur-payeur. L'*offshore* étant devenu un enjeu majeur dans cette perspective, l'article 5 mentionne que les Parties contractantes prennent, individuellement et conjointement, toutes les mesures possibles afin de préserver et de supprimer la pollution provenant des sources *offshore*. Tout ceci est décliné et précisé dans l'annexe 3 consacrée à l'*offshore*. Il est ainsi interdit d'immerger des déchets ou des matières à partir d'installations *offshore*. L'utilisation, le rejet ou l'émission par les sources *offshore* de substances susceptibles d'atteindre ou d'affecter la zone maritime, sont soumis rigoureusement à l'autorisation et à la réglementation des autorités compétentes des Parties contractantes. Par ailleurs, aucune installation *offshore* ne peut être immergée ou laissée en place sans un permis émanant de ces mêmes autorités. Ce permis ne peut pas être accordé si les installations concernées contiennent des substances capables de créer des risques pour la santé de l'homme, des dommages aux ressources vivantes et aux écosystèmes marins, et plus largement des atteintes aux valeurs d'agrément ou une entrave aux autres utilisations légitimes de la mer. Sur un autre registre, on peut également évoquer le protocole de Göteborg de 1999 qui vise à réduire toutes les émissions pouvant entraîner l'acidification, l'eutrophisation des milieux ou la dégradation de l'ozone troposphérique, à savoir les émissions sulfurées, celles d'oxyde d'azote, d'ammoniac et de composés organiques volatils. Ces engagements internationaux se sont donc tout naturellement traduits dans les réglementations norvégiennes, les pouvoirs publics voulant afficher les postures les plus vertueuses de ce point de vue. C'est dans cet esprit qu'ont été imposées aux opérateurs pétroliers des règles de plus en plus sévères. Par exemple, ils doivent, avant toute autorisation d'ouverture d'un gisement, déposer un projet de plan de développement et d'exploitation dont l'évaluation est faite sur le plan technique, sécuritaire et environnemental. Il y a même obligation de présenter avant tout dépôt de dossier, une évaluation préalable de l'impact environnemental. « Bien avant la présentation d'un plan de développement et d'exploitation d'un gisement de pétrole, le titulaire du permis doit présenter au Ministère de l'énergie un projet de programme d'évaluation de l'impact sur l'environnement. La proposition donne une brève description de la mise au point des solutions de développement pertinentes et, sur la base des connaissances disponibles, des effets envisagés en relation avec d'autres activités économiques et l'environnement. Le programme proposé devrait, dans la mesure du possible, comprendre une description de la manière avec laquelle l'étude d'impact sera réalisée ». Il s'agit donc, dans le projet de plan de développement et d'exploitation, de décrire les solutions alternatives à l'égard de la question environnementale en indiquant les motifs qui ont fait retenir la solution choisie. Il faut aussi décrire, après avoir évoqué les différentes composantes de cet environnement, les effets du projet choisi. Il convient également d'aborder les mesures envisageables pour prévenir les impacts négatifs et les réduire le mieux possible, tout en précisant les mesures compensatoires à prendre. Il faut préciser comment les installations peuvent disparaître à la fin de la période d'exploitation et déterminer les moyens et méthodes de surveillance de l'environnement tout au long de cette période. C'est à la vue de ce dossier que le plan sera approuvé ou refusé par les pouvoirs publics.

Cela dit, le bruit de fond de l'exploitation courante, tout comme les accidents toujours possibles, jettent une ombre portée sur l'environnement et par extension sur la Nature elle-même. Les émissions de gaz carbonique de l'*offshore* ont en effet poursuivi leur croissance jusqu'à la fin des années 2000 au point d'atteindre plus du quart des émissions en 2011 (contre 8,5% en 1980). Cette situation est d'autant plus dommageable que la relative désindustrialisation du pays à partir des années 1980 a fait reculer la part de l'industrie dans ces émissions (de 34% en 1980 à 22% en 2011). Le rapport *Klimakur 2020* envisageait même dans ce contexte que les émissions globales de la Norvège allaient augmenter, certes de manière modérée, jusqu'à 59 millions de tonnes en 2020 (contre 53,4 millions de tonnes en 2011 et 50,4 en 1990), alors que le Parlement s'était engagé en 2008 à les réduire de 30% en 2020 par rapport à celles de 1990. On est donc loin du compte et l'*offshore* en est en grande partie responsable (tableau 8).

Face à une telle situation, la réaction de l'État norvégien s'est appuyée sur le registre réglementaire, mais pas seulement. Elle fut aussi fiscale, même si les impôts furent d'abord justifiés pour des raisons économiques et financières. Les arguments environnementaux ont pris le relais avec notamment la taxe carbone établie en 1991. Cette dernière touche tous les consommateurs d'énergie carbonée (pétrole et gaz), tout en affectant également les producteurs du plateau continental, avec un forfait au volume produit mais aussi des « pénalités » en cas d'émission de gaz naturel dans l'atmosphère. Même si cette taxe est minime, bien qu'en augmentation constante, par rapport aux impôts sur les bénéfices pétroliers, elle s'inscrit ouvertement dans la lutte pour décarboner l'économie, tout comme d'ailleurs le système d'échanges de droits à polluer, expérimenté à partir de 2005, puis progressivement étendu à des acteurs de plus en plus nombreux et intégré au système communautaire d'échanges de quotas d'émission (SCEQE) à partir du 1er janvier 2008. La valeur du quota, faible à la suite de la crise financière de 2008, s'est ensuite beaucoup redressée à partir de 2019 et s'est même envolée en 2021-2022, devenant ainsi un outil efficace pour la réduction rapide des émissions européennes.

Tableau 8. Émissions de gaz à effet de serre en équivalents gaz carbonique (en millions de tonnes) en 2011. Source : SSB Årbok 2013.

	gaz carbonique	méthane	autres	total	%
émissions totales	44,7	4,4	4,3	53,4	100
offshore	13	0,6		13,6	25,5
industries	11,1	0,1	0, 6	11,8	22,1
secteur énergie	2,1			2,1	3,9
services logements	1,4	0,1	0,1	1,6	3
transport routier	10		0,1	10,1	18,9
autres transports	6,9	0,1	0,3	7,3	13,7
agriculture		2,3	2,1	4,5	8,4
autres	0,2	1,1	1,1	2,4	4,5
émissions hors Norvège	*12,2*		*0,1*	*12,4*	*100*
dont shipping	*10,5*		*0,1*	*10,6*	*85,5*

De manière nettement plus volontariste et proactive, ont émergé des mesures techniques comme le piégeage du gaz carbonique dans le sous-sol du plateau continental. Il faut signaler que la convention Ospar a déjà évoqué cette éventualité, puisqu'elle admet la possibilité d'injecter dans le sous-sol des flux de dioxyde de carbone en vue de stockage permanent, alors qu'elle interdit l'immersion de déchets dans le milieu marin à partir d'installations *offshore*. Expérimenté dès 1996 sur le site *offshore* de Sleipner, puis depuis 2008 sur le site de Snøhvit, ce piégeage paraît suffisamment prometteur pour engager l'État dans la fondation d'une agence destinée à le promouvoir (*Gassnova* en 2005), puis dans un vaste projet baptisé *Longship* en 2020, dont une des missions est de définir les modalités d'un piégeage du gaz carbonique à grande échelle, en partenariat avec des entreprises pétrolières. Plus de 25 milliards de couronnes (dont 17 en investissements) doivent être engagés dans cette affaire sur une décennie, 80% de l'opération devant être alimentée par des fonds publics. Trois entreprises (Equinor, Shell et TotalÉnergies), en partenariat depuis 2017 sur cet objectif, ont répondu présentes avec le projet *Northern Lights*, validé par l'État à la fin de l'année 2020. Le projet s'articule autour d'un terminal terrestre de stockage du gaz carbonique dont l'achèvement est prévu pour la fin de 2024 dans l'Ouest du pays, à Øygarden, le gaz étant ensuite injecté dans le sous-sol à une centaine de kilomètres des côtes, à un rythme annuel d'environ 1,5 million de tonnes par an. Une co-entreprise reprenant le nom du projet doit assurer la partie opérationnelle et passer des accords avec diverses entreprises fortement émettrices de carbone, en Norvège ou à l'étranger. Des accords ont déjà été conclus en 2022 avec Yara et un lot de navires de transport de gaz carbonique liquéfié, de 7500 m^3 chacun, a été commandé à des chantiers chinois.

L'ensemble du dispositif doit pouvoir entrer en fonction en 2025.

Notes

[14] On retrouve avec l'éolien *offshore* les mêmes enjeux qu'avec l'*offshor*e pétrolier. Les armateurs, profitant de l'excellence de leurs compétences en matière de travaux en mer, acquises depuis plusieurs décennies avec les hydrocarbures, se lancent dorénavant dans le montage et la maintenance des parcs éoliens. Ainsi, une nouvelle technostructure est en train de naître sous nos yeux, impulsée par la multiplication des éoliennes posées en mer en Europe et par les premiers parcs flottants, dont la Norvège entend être un des leaders mondiaux. Il s'agit d'ailleurs autant d'opportunités pour les armements que pour l'industrie de la construction navale. Un pointage effectué par les services du journal spécialisé *Le Marin* au début de l'année 2024 permet de constater la forte présence des chantiers norvégiens dans la construction ou la commande des navires de maintenance pour l'éolien offshore (SOV, *service offshore vessel*) ou d'assistance à la construction (CSOC, *construction service offshore vessel*). Sur les 58 SOV ou CSOV en commande dans le Monde à cette date, 35 reviennent à des chantiers européens (dont 24 à la Norvège, le chantier Vard dominant largement avec 18 commandes, contre 6 pour Ulstein). En revanche, les gros navires de montage, conçus essentiellement pour l'éolien posé, reviennent surtout aux chantiers asiatiques, même si leurs propriétaires sont plutôt d'origine européenne (Deme, Jan de Nul, Van Oord, etc…). Sur la douzaine de navires de pose en commande au début de l'année 2024, 8 reviennent à des chantiers chinois, 2 à la Corée du Sud et 2 à Singapour. Notons cependant que les champs éoliens exigent aussi d'autres matériels, comme les navires de pose des câbles électriques. Ulstein en Norvège a déjà construit un câblier de ce type pour Nexans et en construit un second. Quant à Vard, il a annoncé la commande à la fin de l'année 2023 d'un câblier de pose pour une société japonaise, navire à livrer en 2026. Ainsi, aux côtés de l'ingénierie proprement industrielle (éoliennes, turbines, stations électriques), tenue par de grands groupes de l'électromécanique (General Electric, Siemens, etc), se développe un secteur proprement maritime lié au montage et à la maintenance. C'est sur ce créneau que l'économie norvégienne tente de s'imposer.

[15] C'est dans le golfe du Mexique qu'on a pu constater les catastrophes environnementales les plus graves. Ainsi, en juin 1979, la plate-forme *Ixtoc* a laissé échapper du pétrole en grande quantité. L'hydrocarbure ayant pris feu, la pollution fut à la fois marine (470 000 tonnes au bas mot) et atmosphérique. Mais la principale catastrophe *offshore* à ce jour est bien celle de la plate-forme *Deepwater Horizon* en 2010 déversant dans le golfe du Mexique 670 000 tonnes de pétrole environ. La mer du Nord n'a jamais connu d'accident de cette ampleur mais le risque plane sur les eaux…

Chapitre 6

La Nature aux risques de l'environnement de la Société

Si exploiter la Nature est déjà fabriquer un oxymore, l'environnement de la Société frôle le pléonasme, puisque les usages ou les besoins de la Société sont contenus dans la notion même d'environnement. Il s'agit donc de bien cerner la différence entre les objectifs environnementaux et la conservation de la Nature, même si la conservation peut apparaître comme un objectif environnemental, dès lors qu'elle devient un besoin social.

Dans le cas de la Norvège, la Nature semble omniprésente, en raison de la faiblesse de la présence humaine. La densité de la population est l'une des plus faibles d'Europe, la population totale ne dépassant les cinq millions d'hab. qu'au début des années 2010. De plus elle est agglomérée pour 80% de son effectif dans des localités de plus de 200 hab., seuil minimum pour considérer que la population n'est plus rurale et n'est pas dispersée dans la « nature ». En fait, 70% de la population est concentrée dans les agglomérations de plus de 2 000 hab., limitant ainsi l'emprise humaine sur la majeure partie du territoire. Mieux, près d'un Norvégien sur trois se retrouve dans les quatre grandes agglomérations du pays (Oslo, Bergen, Stavanger-Sandnes et Trondheim) et près d'un Norvégien sur cinq dans la seule agglomération d'Oslo. Certes, cette configuration n'est que l'aboutissement d'un long processus d'accumulation, la population rurale restant majoritaire dans la population totale jusqu'au milieu du XXe siècle. Elle retenait même plus de 80% de la population norvégienne au milieu du XIXe siècle. Mais à l'époque, la population norvégienne était d'une insigne faiblesse : elle ne dépassait pas encore le million d'hab. au milieu des années 1820. Elle n'atteint les deux millions d'hab. qu'à la fin du XIXe siècle et il faut attendre le milieu des années 1970 pour qu'elle double à nouveau son effectif. Par ailleurs, avant d'être concentrée dans les villes, la population de la « vieille Norvège » restait confinée dans des espaces exigus, tant les terres cultivables étaient limitées pour une surface ne dépassant guère les 10 000 km^2, obligeant la population agricole à subvenir à ses besoins par le recours aux réserves des forêts et des pâtures de vastes espaces faiblement humanisés. Dans ce contexte de surcharge des espaces « utiles » (il y a tout de même encore près de 1,6 million d'hab. dans les campagnes en 1946 et un peu moins d'un million au début des années 2010), la nature norvégienne surligne la profonde différence entre les espaces très humanisés et les espaces paraissant encore vierges.

Pourtant, malgré sa faiblesse numérique, cette population devenue très urbaine accède à des niveaux de développement très élevés qui la rendent à la fois très exigeante envers son environnement et très dispendieuse en matière de consommation énergétique. Ce paradoxe fait diverger les notions d'environnement et de nature, même si, aux yeux de la population urbanisée, donc éloignée des cadres naturels traditionnels, la recherche de la nature semble contenue dans celle d'un environnement sain et agréable à vivre. Il est vrai qu'en raison de l'histoire de l'implantation humaine dont on vient de rappeler les grands traits, la présence de la nature sauvage dans la culture norvégienne reste forte, voire participe à la construction de l'identité collective. Il faut savoir à ce propos qu'il existe en Norvège une puissante association de défense de la Nature, *Naturvernforbundet*, créée en 1914, et qui compte aujourd'hui plusieurs dizaines de milliers d'adhérents. Son but premier fut de promouvoir la beauté de la nature « sauvage » (notamment avec la rédaction d'un magazine intitulé *Norsk Natur*) et elle n'a pris une tournure nettement plus militante à l'égard de la protection environnementale qu'à partir des années 1970.

On comprend donc la raison pour laquelle la protection environnementale fut d'abord celle des espaces naturels sauvages où la présence humaine était faible, voire inexistante. D'où la première loi sur la protection des milieux naturels en 1954 qui a permis d'établir un fondement juridique à l'établissement d'espaces protégés. Un premier parc national fut créé sur ces bases en 1962. Deux ans plus tard, le conseil gouvernemental pour la protection de la Nature (*Statens Naturvernråd*), issu de la même loi, proposa de constituer un réseau de 16 parcs nationaux, réseau pratiquement achevé à la fin des années 1980. En 1986, ce même conseil présenta une seconde série de propositions qui fut approuvée par le Parlement en 1993, visant à étoffer le nombre des parcs et à augmenter la surface de certains parcs existants. Au total, la Norvège continentale (hors Svalbard) dispose aujourd'hui d'une quarantaine de parcs nationaux couvrant près du dixième de la superficie de la Norvège continentale (le plus étendu est le parc du Hardangervidda sur plus de 3 400 km^2). Ce maillage de la Norvège sauvage par des mesures de protection était finalement assez facile à réaliser, tant la présence humaine y était faible, tant aussi le désir de la conserver était élevé aux yeux de la société. Plus difficile sans doute était la sauvegarde des richesses naturelles dans les espaces fortement humanisés, d'où le grand nombre de « réserves naturelles » (2 164 en 2015), mais sur des surfaces exiguës (pas plus de 2% du territoire norvégien, hors Svalbard).

On touche ici à la contradiction profonde déjà évoquée plus haut. La société a besoin de nature mais ne peut renoncer à ses besoins de consommer, de produire et de se déplacer. Sur ce point, la consommation énergétique par les transports intérieurs est particulièrement éclairante. Dans l'énergie finale réellement consommée, les transports en engloutissent près du quart et leur consommation a fortement progressé entre 1990 et 2021, plus que la consommation finale totale, ou celle de l'industrie et des mines. Mieux encore, la consommation des transports repose essentiellement sur les produits pétroliers (à plus de 85%), alors que ces mêmes produits ne participent qu'à moins de 30% de l'énergie totale consommée (tableaux 9 et 10).

Tableau 9. Énergie finale consommée en Norvège en 2021 et par les différents secteurs de l'économie (combustibles utilisés comme matière première dans l'industrie exclus). En milliards de kWh. Source SSB

Consommation finale	En milliards de kWh	Évolution 1990-2021
Total	223	+21%
Industries et mines	79	+8,2%
Transports	54	+36%
Logements	48	+18,6%
Autres (services, agriculture et pêche)	42	+34,8%

Tableau 10. Total de la consommation d'énergie finale et énergie consommée par les transports et l'industrie (hors énergie comme matière première) en 2021. En milliards de kWh. Source SSB

	Total	Transports	Industries et mines
Charbon	8,4	-	8,4
Gaz naturel	4,7	0,9	3,4
Produits pétroliers	66,2	46,2	10,5
Biomasse biocarburants	16	4,6	4,7
Déchets	1,5	-	1,2
Électricité	120	2,1	49,9
Autres	6,7	-	0,8

Pour bien saisir les enjeux qui viennent d'être suggérés, il convient de rappeler que la Norvège doit beaucoup au cheminement maritime : elle lui doit sa forme étirée en latitude, comme son nom l'indique (*Nord Vei*, le chemin du Nord). On comprend donc l'importance du cabotage dans le système de transport intérieur (10% des passagers.km et les deux tiers des tonnes.km au sortir de la Seconde Guerre mondiale), la mer étant particulièrement sollicitée pour les longues distances. Cette situation très originale était finalement peu énergivore, dans la mesure où les transports maritimes réclamaient peu de puissance par rapport aux masses déplacées. Du reste, si l'on rapporte les émissions de gaz à effet de serre au fret déplacé, on s'aperçoit que le cabotage maritime n'émettait en 2011 que 0,25 tonne équivalent CO_2 pour 1000 t.km, alors que le transport routier (en ne retenant que les camions responsables de 70% des émissions du transport routier) en était à près de 0,42 tonne à la même date. Or, depuis l'après-guerre, la Norvège s'est largement tournée vers le transport routier, au point que ce dernier dépasse en 2011 la moitié des tonnes.km (contre à peine 42% pour le cabotage et 7% pour le chemin de fer). La part de la route est encore plus écrasante pour les déplacements de la population (87,6% des passagers.km). La route est carrément hégémonique pour les courtes et moyennes distances, ne laissant aux autres modes que des miettes, comme on peut s'en apercevoir avec les masses transportées sans tenir compte des distances de déplacement (les trois quarts des tonnes déplacées le sont par la route, contre moins du quart par les transports maritimes), le monopole routier étant encore plus radical pour les déplacements de la population (tableau 11). Ce monopole est encore plus spectaculaire si l'on exclut le trafic des bacs et *ferries* (plus de 80% des passagers empruntant les routes maritimes), puisque les bacs sont en fait au service du mode routier et disparaissent dès la construction d'ouvrages d'art pour le franchissement des passages d'eau.

Tableau 11. Transports intérieurs par modes de transport. En millions pour les trafics totaux. En pourcentage pour les modes. Source : SSB, Årbok, 2013.

	Fret en tonnes	Fret en tonnes.km	Passagers	Passagers.km
Total	361	33 701	5 159	74 411
Mer	23,3	42,4	1	1,2
Route	74,5	50,3	95,2	87,6
Rail	2	6,9	3,6	5
Air	-	0,1	0,2	6,2

Tableau 12. Émissions de gaz à effet de serre en millions de tonnes. Les émissions indifférenciées sont incluses dans le total, mais pas dans les pourcentages. Source : SSB, Årbok, 2013.

	Émissions en éq. CO_2 et en millions de tonnes	Émissions en pourcentages
Total	17,4	100
Mer	3,6	20,7
Route	10,1	58
Rail	-	-
Air	1,3	7,5

Ce recul des transports par mer est bien illustré par le rôle désormais accordé à l'Express côtier (*Hurtigruten*), autrefois considéré comme l'épine dorsale du transport intérieur entre les ports de la côte occidentale et les régions septentrionales du pays. C'est pour ces régions que le service fut créé en 1893 par Richard With, fondateur de la compagnie de navigation à vapeur des

Vesterålen, sous la forte sollicitation des pouvoirs publics qui souhaitaient désenclaver ces régions éloignées au départ de Trondheim au prix de larges subventions. Une succession de conventions permit ultérieurement d'étendre le service, en impliquant de plus en plus de compagnies. C'est ainsi que la ligne fut prolongée vers Bergen en 1898, vers Vadsø en 1907 et Kirkenes en 1914, la desserte devenant quotidienne à partir de 1936. Ainsi, chaque jour, un navire pouvait appareiller des quais de Bergen pour un long voyage de cinq jours jusqu'à Kirkenes, assorti d'une trentaine d'escales. C'est à Kirkenes que le navire, après avoir cheminé vers le nord (*norgående*) reprend le chemin du sud (*sørgående*), le périple entier s'étalant sur onze jours de voyage. Le trafic de la ligne atteint près de 570 000 passagers au début des années 1960, l'Express côtier assurant en complément l'indispensable convoyage des marchandises pour les communautés insulaires isolées, ainsi que l'évacuation du poisson vers le sud. Mais les progrès des transports terrestres ont fait chuter le trafic, ramené à moins de 250 000 passagers en 1988, décourageant la plupart des compagnies à se maintenir sur la ligne. C'est ainsi qu'il n'existe plus à partir de 1989 que deux armements assurant le service (*OVDS* de Narvik et *TFDS* de Tromsø), ces deux armements finissant par se rapprocher pour former *Hurtigruten Group ASA* au 1er mars 2006, reprenant ainsi sous leur nouvelle raison sociale, le nom même du service. Grâce à ce regroupement et au renouvellement de la flotte, le service reprend vie (à nouveau près de 550 000 passagers au début du XXIe siècle), mais sous l'impulsion presque exclusive des touristes internationaux, attirés par la beauté des paysages et l'originalité de croisières hors normes. Ainsi, l'Express côtier, sorte d'icône itinérante d'un littoral-Nation, ne doit plus son salut qu'à un tourisme en recherche d'« authenticité », alors que la population pour laquelle il avait été conçu, l'abandonne pour une modernité dispendieuse en énergie (planches V et VI) !

Cette invasion du « tout routier » est portée par une rapide augmentation du parc automobile et par l'amélioration constante du réseau routier. Il y avait en 2011 plus de 3,4 millions de véhicules motorisés en Norvège (dont 2,3 millions d'automobiles particulières), ce qui, rapporté à la population, témoigne d'un équipement digne des meilleurs pays développés. Près de 94 000 km de routes irriguent le territoire en 2013, soit le double du kilométrage du début des années 1950. Le plus remarquable sans doute est l'homogénéité progressive du réseau, en termes de revêtement des chaussées, de poids autorisé en charge et bien sûr, en termes d'effacement des coupures d'eau sur les axes les plus importants. On le doit à toute une batterie de tunnels et de ponts dont les impacts ont fini par modifier la nature norvégienne, tout en améliorant considérablement l'aisance des déplacements.

Prenons par exemple les relations entre les deux villes principales, Oslo et Bergen. Pendant longtemps, les hautes surfaces du Hargandervidda ou du Haukelifjell, ainsi que les fjords dans l'arrière-pays de Bergen, se sont opposés à la bonne fluidité des flux sur cette relation pourtant essentielle pour le pays. Jusque dans les années 1930, on ne pouvait guère accéder aux rivages du Hardangerfjord à l'est de Bergen et il fallut attendre l'ouverture de la section Tunes-Trengereid en 1932 pour enfin atteindre le fjord à Norheimsund. Les rivages du Hardangerfjord furent ensuite désenclavés par la route grâce à un pont, très hardi pour l'époque, jeté au-dessus de la mince entaille du Fyksesund en 1937. Ålvik, puis Kvanndal en 1940 et enfin Granvin en 1941 furent ainsi desservis, rapprochant les flux routiers des hauts plateaux à l'est du Hardangerfjord.

Planche V. Un petit événement, sur la ligne de l'Express côtier : le croisement du navire se dirigeant vers le sud et de celui allant vers le nord. Il s'agit de l'héritage du mode de déplacement le moins énergivore sur de longues distances en Norvège. Cliché de l'auteur.

Planche VI. Une fonction désormais anecdotique mais autrefois vitale : le transport de marchandises par l'Express côtier (ici, un chargement de poisson au départ du petit port de Havøysund au Finnmark). Cliché de l'auteur.

De là, il était alors possible d'accéder à la capitale par trois axes principaux. L'axe le plus septentrional permettait d'accéder à l'une des ramifications du Sognefjord, via Voss et Gudvangen. Il était alors possible de rejoindre Lærdal par une longue traversée maritime sur un bac. De là, la route permettait de rejoindre Oslo par le Valdres ou le Hallingdal. Sur l'axe central, une route plus directe, après avoir franchi le Hardangerfjord par bac, escaladait le Hardangervidda jusqu'à une ligne de faîte à 1250 m dont l'altitude interdisait son ouverture aisée pendant l'hiver. La descente de la vallée de Numedal permettait d'accéder à Oslo via Kongsberg. Au sud enfin, une alternative par le Haukelifjell permettait de rattraper l'itinéraire central à Kongsberg via Notodden. Ces axes ont été améliorés progressivement par des travaux de plus en plus spectaculaires. La liaison par le Nord entre Bergen et Oslo a d'abord profité du percement d'un tunnel de plus de 11 km de long entre Gudvangen et Flåm permettant de raccourcir le trajet en échappant à la servitude des bacs par le biais d'une route plus directe par l'Aurlandsdalen, ouverte en concordance avec les grands travaux hydroélectriques du secteur. Puis le percement du tunnel de Lærdal, le tunnel routier actuellement le plus long du monde (24,5 km), ouvert en 2000, libère définitivement le trafic routier de l'obstacle des passages d'eau et des contraintes hivernales. Au centre, le percement du tunnel de Vallavik, sous l'Ingebjørgfjell, puis le gigantesque pont suspendu au-dessus du Hardangerfjord, ouvert en 2013, sont parvenus au même résultat (planche VII). Indirectement, l'accès au parc national du Hardangervidda, précédemment cité, s'en trouve facilité, puisqu'il se trouve ceinturé par deux des trois axes routiers que l'on vient d'évoquer, au nord comme au sud. L'accessibilité devient même un argument touristique, ce qui n’est pas le moindre des paradoxes pour un parc dont l’argument essentiel reste la protection de la nature !

Planche VII. Le pont suspendu du Hardangerfjord, l’un des ouvrages routiers les plus impressionnants de Norvège, coordonné avec le tunnel de Vallavik sous l’Ingebjørgfjell en arrière-plan. Cliché de l’auteur.

Quant aux liaisons Nord-Sud qui accompagnent le chemin du Nord, elles ne souffrent plus de coupures d’eau au nord de Trondheim, à la seule exception de l’obstacle du Tysfjord au sud de Narvik. Ne reste plus que la côte du Vestland, entre les villes de Stavanger et Trondheim, hachée par de nombreux fjords. Mais là encore, de grands travaux améliorent peu à peu l’écoulement des flux. Déjà, la péninsule de Stavanger est reliée à la masse continentale par un tunnel battant provisoirement tous les records de profondeur sous-marine depuis 2019. Cet ouvrage est le prélude d’un tunnel encore plus ambitieux qui permettra en 2026 de relier Stavanger, Haugesund et Bergen en se dispensant du concours des bacs grâce à un tunnel routier sous-marin de 27 km de long plongeant pour franchir le

Boknafjord à 393 m de profondeur, ce qui sera un record mondial toutes catégories ! On se prend à rêver d'une liaison continue entre Bergen et Trondheim à l'horizon 2035 en profitant de la maîtrise des technologies *offshore* pour franchir les grands fjords à l'aide de structures flottantes, en engloutissant à l'occasion l'équivalent de plusieurs dizaines de milliards d'euros. Ainsi, le bourrelet montagneux norvégien est devenu un espace domestiqué, zébré d'axes routiers et troué de nombreux tunnels. Ces travaux pharaoniques ne furent possibles qu'en s'aidant des revenus pétroliers, ce qui, après tout, est dans l'ordre des choses pour un pays riche de ses productions et de ses consommations énergétiques, mais en restant tout de même à cent lieues du respect de la « nature sauvage » [16].

On est donc, d'un certain point de vue, face à une évolution régressive, d'autant qu'à la marginalisation du transport maritime, s'ajoute celle du chemin de fer qui fut l'objectif principal du pays au moment de son décollage économique. Son réseau, inauguré pour sa première ligne en 1854, atteint son maximum un siècle plus tard et dispose encore dans les années 2010 de plus de 4000 km de voies, dont 60% environ sont électrifiées, expliquant du même coup la faible empreinte carbone de ce mode de transport. La construction du réseau, bien qu'inachevée, puisque le Nord n'est pas desservi au-delà de Bodø (la ville n'est atteinte qu'en 1962), a été une œuvre gigantesque, dès qu'il s'est agi d'affronter les reliefs de l'Ouest du pays [17]. Ainsi pour relier Oslo à Bergen, objectif enfin réalisé en 1909, il fut nécessaire de creuser 200 tunnels dont le plus long faisait déjà 7,6 km, sans compter les ponts, viaducs et galeries para-neige, puisque la ligne grimpe à plus de 1300 m d'altitude. De même, il fallut attendre le percement des deux tunnels de Kvineshei et de Hægebostad (respectivement 9 et 8,5 km de longueur) pour atteindre enfin Stavanger depuis Oslo en

1944. Cet effort considérable s'est traduit par le rôle significatif du rail dans le système de transport : il assurait encore 30% du trafic en passagers.km et 17% en tonnes.km en 1946 et ce n'est qu'à partir des années 1960 qu'il a été progressivement marginalisé (tableau 11). Quant au mode aérien, le plus énergivore mais aussi le mieux adapté à l'étendue et à l'étirement du territoire, il s'est développé après la Seconde Guerre mondiale, en mordant largement sur les liaisons ferroviaires et maritimes à longue distance. Aux liaisons interrégionales, ouvertes au fur et à mesure de la construction des grands aéroports, a répondu en complément les dessertes locales, grâce notamment aux aéronefs de faible capacité et à atterrissage court. De 1% des passagers.km en 1970, le mode aérien est passé à 6,2% en 2011, mais en produisant 7,5% des émissions eq. CO_2 de tous les transports intérieurs.

Un tel bilan, certes impressionnant, mais finalement éloigné des principes du développement durable, est progressivement tempéré par de nouvelles politiques mieux adaptées à la défense de la nature. Pendant longtemps, les recettes fiscales tirées du transport routier furent à simples visées financières. Elles étaient justifiées par la volonté de ne pas accentuer les déséquilibres des échanges extérieurs et par le coût élevé des réseaux utilisés par les véhicules routiers. Inaugurés dès 1931 par une taxe sur l'essence, ces impôts se sont ensuite multipliés pour les mêmes raisons. Mais le discours a changé avec la prise de conscience des pollutions routières. Intégrés à l'assiette de la taxe carbone, les transports routiers sont dorénavant pointés du doigt par les pouvoirs publics au nom du principe « pollueur-payeur ». En creux, ils sont indirectement affectés par les exonérations de taxes dont bénéficient les véhicules électriques : exonérations de la taxe à l'importation, de la taxe sur la valeur ajoutée, gratuité des péages et du stationnement. Par ailleurs, les véhicules électriques bénéficient de la gratuité de la recharge des batteries sur les parkings publics et d'une liberté d'accès aux voies prioritaires en ville. Ces mesures « proactives » en faveur des véhicules supposés moins polluants ont été suivies d'effets spectaculaires, puisque le tiers des véhicules vendus en 2018 est électrique, contre 5,5% en 2013. Ce renouvellement rapide du parc permet aux pouvoirs publics d'envisager l'interdiction de la vente de véhicules thermiques à partir de 2025. L'agence *Transnova* dont la mission était spécifiquement d'encourager la transition énergétique dans les transports routiers, a poussé en ce sens dès sa création en 2009 (ses missions ont été réintégrées dans celles d'*Enova* en 2015). Cela dit, ces mesures n'excluent pas du parc existant les véhicules à moteur thermique et encore moins, tous les moyens de transport des touristes étrangers, de plus en plus nombreux à venir en Norvège, attirés qu'ils sont par la beauté des paysages et l'aisance de leur accessibilité !

Qu'en est-il des autres modes de transport ? Si le tout électrique dans le transport aérien semble encore utopique, le transport maritime bénéficie d'incontestables avancées sur le plan environnemental. Il faut ici croiser les mesures internationales, en particulier sous l'égide de l'Organisation Maritime Internationale [18], et celles qui sont prises dans le cadre norvégien, alimentées par la volonté d'une rapide décarbonation de la part des pouvoirs publics et par les avancées du savoir-faire de la construction et de la conception des équipements navals de l'industrie nationale. La réduction des émissions peut être obtenue en mer de plusieurs manières. Par l'amélioration tout d'abord de l'hydrodynamisme des navires, puisqu'il est prouvé que l'eau exerce une résistance considérable au déplacement dès que l'on cherche à augmenter la vitesse du navire. Or l'accroissement de la puissance des moteurs est une solution illusoire, puisque très énergivore. D'où l'intérêt porté au profil des carènes qui est une affaire d'architecture navale. On a donc vu fleurir toute une gamme de navires (hydroptères, catamarans), destinés aux lignes régulières de passagers. Si les premiers engins ont été importés dans les années 1960, les chantiers navals norvégiens (Fjellstrand, Westamarin) ont très vite compris l'intérêt qu'ils pouvaient en tirer dès les années 1970. Cependant, la priorité donnée à la vitesse sur les économies d'énergie, les dangers relatifs liés à l'accélération des déplacements (un catamaran, le *Sleipner* a fait naufrage en 1999, provoquant la mort de 16 personnes), ont fait retomber l'intérêt pour ce genre d'engins (l'une des lignes les plus emblématiques de ces navires rapides, la *Flaggruten*, ouverte en 1960 entre Stavanger et Bergen, a fermé en 2013).

Les priorités ont donc basculé vers la recherche de nouveaux modes de propulsion ou des combustibles moins polluants en émissions carbonées. Le gaz naturel, réputé moins polluant que le fioul, est la première solution qui est venue à l'esprit. Un premier bac l'a adopté dès 2010. Mais d'autres choix sont possibles, des moins décarbonés jusqu'aux totalement décarbonés (propulsion vélique, piles à combustibles à hydrogène, batteries électriques). Pour ce qui concerne l'hydrogène, tout dépend des sources de sa production, des moins favorables à l'environnement (à partir de combustibles fossiles) jusqu'aux moins polluantes (à partir d'électrolyseurs alimentés par des énergies renouvelables comme l'hydroélectricité). Or c'est bien le cas en Norvège, même si, l'on s'en doute, la tentation est forte d'utiliser les hydrocarbures pour produire de l'hydrogène. Quant aux batteries, elles n'ont d'intérêt qu'en étant régulièrement rechargées dans les ports grâce à des réseaux utilisant des sources électriques renouvelables. Ce rechargement ne peut se faire qu'avec des escales suffisamment nombreuses, sur des trajets relativement courts, ce qui est bien le cas pour les bacs. Les recherches sur les modes de propulsion et leurs applications industrielles sont donc très intenses en Norvège, en particulier pour les navires de faible puissance ou ne nécessitant pas de forte puissance pendant la majeure partie de leur temps d'utilisation (Sjøtun, 2019). On a donc vu fleurir ces dernières années beaucoup de navires expérimentaux, les applications en grand nombre suivant ensuite d'assez près, en particulier pour les bacs utilisés pour traverser les fjords (navires hybrides, voire totalement électriques). Un bac associant des batteries et une pile à combustible à l'hydrogène a même été mis en service en 2021.

Les progrès technologiques sont si rapides qu'il est possible d'envisager à court terme la zéro émission, du moins pour les lignes régulières de navigation côtière. Par ailleurs, pour les sites sensibles et remarquables, comme les fjords emblématiques de l'Ouest (Geiranger et Naerøyfjord), l'État veut imposer la zéro émission à l'échéance de 2026. On touche ici à nouveau à la contradiction entre la promotion touristique d'une nature exceptionnelle, et la fréquentation excessive qu'elle provoque, contribuant à en détruire ou du moins à en altérer gravement l'intérêt (les croisières internationales ont concerné 2,7 millions de passagers dans les eaux norvégiennes en 2016, les escales se multipliant dans les fjords les plus remarquables, mais aussi les plus vulnérables aux pollutions, en raison de leur profond encaissement). Selon A. Poiret (2024), le fjord de Geiranger a accueilli à lui seul plus de 402 000 croisiéristes en 2019. Certains jours, le fond du fjord est plongé dans une nappe de fumées bleuâtres et malodorantes. Il y a donc urgence à agir et la nouvelle réglementation va donc s'imposer autant aux compagnies intérieures qu'aux armements internationaux de croisière qui fréquentent le fjord assidûment pendant la saison d'été.

Il devient en effet possible de développer des propulsions innovantes sur des navires de plus en plus gros et de plus en plus puissants. Là encore, la Norvège fait figure de nation pionnière, puisque ses armements explorent déjà la faisabilité des propulsions mixtes à bord de paquebots ou *ferries*. Color Line qui exploite la majeure partie des liaisons *ferries* entre la Norvège et le reste de l'Europe, a mis en ligne un ferry, le *Color Hybrid*, équipé de batteries de 5 MW entre le port suédois de Strömstad et Sandefjord en 2019. Pour une traversée de l'ordre de 2h30, les batteries permettent à ce gros navire de 27 000 tonneaux UMS, capable de transporter 2 000 passagers et 500 véhicules, de naviguer sans émissions pendant environ une heure, ce qui lui permet d'éviter de polluer pendant ses manœuvres d'approche. La compagnie Hurtigruten, attachée au service de l'Express côtier, n'est pas en reste puisqu'elle a fait construire deux paquebots hybrides, entrés en service en 2019-2020, le *Roald Amundsen* et le *Fridtjof Nansen*, d'un tonnage de près de 21 000 tonneaux UMS, même s'ils sont d'abord destinés aux croisières d'expédition. Plus récemment, la compagnie Havila a décroché l'accès au service de l'Express côtier entre Bergen et Kirkenes, aux côtés de la compagnie Hurtigruten, avec le projet de mettre en ligne quatre paquebots hybrides disposant de batteries de 6,1 MW aux côtés d'une propulsion classique au gaz. Ces navires de 15 800 tonneaux UMS (les deux premiers sont entrés en service en 2021-2022) sont capables d'embarquer 640 passagers le long des côtes norvégiennes en limitant au plus juste leurs émissions de gaz à effet de serre. Ainsi, la multiplication des artefacts vise à réconcilier nature et environnement. Pourtant, change-t-elle en profondeur les comportements en matière de consommation énergétique ? Certes, l'intensité énergétique a tendance à diminuer, mais on doit cette baisse à l'amélioration des rendements énergétiques, c'est-à-dire à une meilleure efficacité des technologies, plus qu'à une modification des comportements. Par ailleurs, la complexité croissante des techniques, en allongeant les processus de fabrication par la sollicitation de produits industriels souvent importés, contribue à masquer la dégradation effective de la nature planétaire au profit de la protection de l'environnement de proximité.

Notes

[16] A titre indicatif, au début des années 1990, l'effort de l'État à l'égard de la route correspondait à environ 60% de ses dépenses pour les transports (subventions aux lignes de bus incluses), contre moins du quart pour le rail, 11,5% pour le trafic aérien et 4,5% pour les lignes maritimes.

[17] Narvik est desservi par le chemin de fer minéralier depuis Kiruna mais n'a jamais été relié au réseau strictement norvégien.

[18] L'Organisation Maritime Internationale (O.M.I.), s'appuyant sur le fait que le transport maritime mondial émet environ 3% des gaz à effet de serre dans le Monde, en brûlant notamment du fioul lourd, le plus polluant de tous les hydrocarbures, s'est engagée dans une démarche de coercition progressive à l'égard des armateurs, grâce à sa convention Marpol et ses différentes annexes. Ainsi, par l'annexe 6, l'O.M.I. entend imposer un seuil maximal de 0,5% de teneur en soufre pour les combustibles marins sur tous les océans du Globe à compter du 1er janvier 2020. Par ailleurs, dans des zones spéciales dites SECA (*Sulphur Emission Control Areas*), cette teneur devait passer à 0,1% dès le 1er janvier 2015. Or les trois premières zones SECA en Europe (Manche, mer du Nord et Baltique) concernent directement les armateurs norvégiens. Il faut donc pour les navires fréquentant ces zones songer à l'achat de combustibles peu soufrés ou acquérir des épurateurs, voire changer de mode de propulsion (Gallais-Bouchet, 2015 ; Valero, 2018). Par ailleurs, l'O.M.I a fixé en 2018 un objectif de réduction de 50% de toutes les émissions de GES d'ici 2050. Pour

y parvenir, les navires neufs d'un tonnage de jauge supérieur à 400 UMS doivent produire un indice de performance énergétique (EEDI) applicable à partir du 1er janvier 2023. Les navires existants supérieurs à 5000 UMS doivent produire le même genre d'indice, dit EEXI qui, en cas de non-respect, peut entraîner des réductions obligatoires de vitesse ou des bridages de puissance. De plus, est institué un indicateur opérationnel d'intensité carbone (CII), classant les navires de A à E avec nécessité de rester au moins alignés sur la classe médiane C. Pour les navires classés en E, les armements seront obligés d'effectuer des travaux dans un délai d'un an et pour les navires classés en D, le délai de correction est de trois ans. Mais comme les seuils de classification sont augmentés d'année en année jusqu'à l'horizon 2026, il sera de plus en plus difficile pour les navires polluants de rester dans les clous d'une exploitation hors travaux sur les modes de propulsion.

Conclusion

Au terme de cette analyse, émergent deux idées apparemment contradictoires : l'extrême vulnérabilité du pays à l'égard de la question énergétique et la surprenante adaptabilité de ses acteurs économiques. La vulnérabilité est évidement liée à la modestie relative de la Norvège à l'égard de ses partenaires commerciaux. Le pays cherche d'ailleurs à retourner à son avantage cette situation de faiblesse en cultivant une « soft power » de bon aloi, et bien entendu en insistant sur la modestie de son rôle dans la lutte contre les dégradations globales de l'environnement planétaire. Qu'est-ce en effet que la baisse unilatérale de ses émissions carbonées qui ne représentent que 0,1% de toutes les émissions mondiales, quand on sait que la Chine et les États-Unis, en produisent environ 40% en 2021 ? Or, les conséquences climatiques des émissions dépendent moins des lieux dans lesquelles elles se produisent que de leur intensité, ce qui exonère la Norvège d'une part de ses responsabilités[19].Pourtant, reportées au nombre d'habitants, les émissions carbonées du pays sont deux fois plus élevées que la moyenne mondiale (et deux fois plus que celles de la population française). Elles restent même supérieures à celles de la population chinoise en 2021 et demeurent assez proches de celles de la population américaine. Pas de quoi pavoiser donc, surtout si l'argument des moindres émissions est contrarié par le leitmotiv de la durabilité qui consiste à penser global pour justifier les actions à l'échelle locale. Là encore, la Norvège est prise en défaut, les pouvoirs publics adoptant un discours volontariste à l'égard de la protection environnementale, alors que les résultats objectifs sont mitigés, du fait des orientations principales de l'économie du pays. De ce point de vue, les partis politiques s'accordent assez largement sur le nécessaire maintien des productions hydrocarbonées. Seuls, les écologistes de *Miljøvernpartiet De Grøne*, s'opposent ouvertement à la poursuite des recherches pétrolières et refusent toute participation éventuelle à une coalition gouvernementale qui ne s'engagerait pas dans cette voie. Resté confidentiel jusqu'en 2009, le parti a connu une première poussée en 2013 (2,8% des voix aux élections nationales) pour culminer aux élections locales de septembre 2019 (6,8%). Cependant, cette poussée n'a pas été confirmée aux élections nationales de 2021 (3,9%), même si le parti reste dans une bonne dynamique avec trois sièges au Parlement (contre un seul en 2017 et en 2013).

C'est qu'il n'est guère possible pour ce pays de modeste envergure de s'affranchir brutalement de sa manne énergétique, d'autant qu'elle est devenue incontournable pour les besoins gaziers de son voisinage. La Norvège est donc engagée dans des relations asymétriques auxquelles elle ne peut échapper. Si ses exportations sont en effet dirigées pour 60% environ vers l'Union européenne, cette même Union européenne n'importe de Norvège guère plus de 3% de ses marchandises extracommunautaires. Certes, les échanges entre UE et Norvège restent structurellement déficitaires aux dépens de l'UE, en raison du poids des hydrocarbures dans les importations européennes, mais le déficit commercial de l'UE à l'égard de la Norvège pèse peu sur son déficit global en matière d'échanges extracommunautaires, à l'inverse de partenaires comme la Chine, ou même la Russie en 2022.

En réponse à cette vulnérabilité contrainte, et sans doute à cause d'elle, s'affirme une surprenante adaptabilité des acteurs économiques. Pour la comprendre, il faut rappeler que l'économie du pays a toujours été ouverte sur le Monde et que les exportations ont joué un rôle fondamental pour entraîner l'économie nationale. La part des exportations atteint déjà plus de 35% du PNB avant la Première Guerre mondiale et la conjoncture internationale s'est donc structurellement imprimée dans les rythmes de croissance de l'économie norvégienne. Nous avions rappelé en introduction que les pouvoirs publics en avaient fait un axe de leurs politiques, en cherchant à coordonner le mieux possible les secteurs de l'économie « exposée » avec ceux de l'économie « abritée », dont la substance a progressivement pris du poids avec les progrès de l'État social. La stratégie des libéraux au pouvoir dans les premières décennies de l'indépendance, puis des travaillistes qui leur ont succédé au milieu des années 1930, a donc consisté à laisser libres de leurs mouvements les acteurs du secteur exposé, pour peu qu'ils acceptent le jeu d'une transmission de la richesse acquise au sein des secteurs abrités par une politique du plein emploi largement financée sur le plan fiscal. Ainsi a été évitée la promotion d'une économie duale et désarticulée, alors que la Norvège s'ouvrait de plus en plus au Monde extérieur. Si une partie du carburant de cette ouverture n'est guère originale pour les théories ricardiennes qui font référence à l'inégale répartition des facteurs de production entre les États pour expliquer leurs spécialisations progressives sur le marché mondial, la Norvège étant à cet égard bien dotée en produits forestiers, halieutiques, électrométallurgiques ou chimiques grâce à ses ressources naturelles et à son hydroélectricité, le recours aux hydrocarbures *offshore* est évidemment beaucoup plus surprenant, parce qu'ils sont difficiles d'accès sans la maîtrise d'une technologie dont les Norvégiens ignoraient tout au départ. Ce recours s'inscrit pourtant dans la même logique d'ouverture en « vol d'oies sauvages » liée à la substitution progressive d'une ressource par une autre dans le processus de développement. Vus sous cet angle, les hydrocarbures n'ont pas été une disruption dans la trajectoire du pays mais une confirmation d'un modèle de développement. C'est une des raisons de l'attachement des Norvégiens à leur économie *offshore*.

L'adaptabilité s'inscrit donc dans le registre de l'acceptabilité. On s'adapte parce qu'on sait en tirer profit. De ce point de vue, il convient de bien distinguer deux champs socio-économiques différents, celui d'une part des acteurs en capacité de déterminer des stratégies de développement, en jouant sur la mise en contact du « dedans » (les particularités du territoire national) avec le « dehors », c'est-à-dire le Monde extérieur avec ses opportunités et ses contraintes, celui d'autre part de la population, dans laquelle s'entremêlent des intérêts sociaux et des questions d'identité nationale.

Or, dans la catégorie des acteurs, il faut insister sur l'importance du *shipping* et de toutes les activités connexes. Il faut rappeler que les frets maritimes atteignent déjà plus de la moitié de la valeur des exportations norvégiennes de biens et services dans les années 1910 et plus de 40% à la fin des années 1930. Ils se sont ensuite maintenus à un très haut niveau (de 30 à 40%) jusqu'au milieu des années 1970, la production de pétrole et de gaz prenant ensuite progressivement le relais. Cette longue affiliation de la Norvège au *shipping* fut surtout liée aux enjeux énergétiques internationaux. Il faut savoir en effet que le *shipping* norvégien a largement réinvesti les profits qu'il avait accumulés pendant la Première Guerre mondiale dans une flotte pétrolière moderne et puissante. À la fin des années 1930, si les Norvégiens disposaient de plus de 7% de la flotte mondiale, ils contrôlaient surtout 18% du tonnage pétrolier mondial. Pourcentage tout à fait exceptionnel et plaçant le pays au cœur des enjeux énergétiques de l'époque. Le pétrole (105 millions de tonnes en 1937) représentait en effet déjà plus du cinquième des tonnages transportés par mer dans le

Monde (490 millions de tonnes) et avait tendance à se substituer au charbon (71 millions de tonnes la même année). Par la suite, si le pays fut entraîné dans la guerre après l'invasion allemande en avril 1940, les navires marchands laissés libres de leur mouvement furent une arme efficace pour lutter contre l'Allemagne nazie. C'est en ce sens qu'il faut comprendre la création de la *Norwegian Shipping and Trade Mission*, plus connue sous le nom de *Nortraship*, afin de réquisitionner les navires disponibles et de constituer un véritable armement d'État. Cette structure a servi d'intermédiaire auprès des Alliés, les Norvégiens participant intensément aux convois de l'Atlantique [20]. Certains estiment même que le dixième des arrivages pétroliers dans les ports britanniques pendant la guerre se fit sous pavillon norvégien, ce pourcentage s'élevant autour de 40% en août-décembre 1941, juste avant l'entrée en guerre des États-Unis. Sans exagérer, Sir Philip Noël Baker put affirmer en avril 1942 : « dans la bataille de l'Atlantique, les navires-citernes norvégiens pèsent aussi lourd que les Spitfires pendant la bataille d'Angleterre ». On ne saurait mieux dire, ce qui permet de comprendre, une fois la paix revenue, les coopérations et connivences entre les armateurs redevenus libres de leurs mouvements et les chargeurs industriels du monde atlantique. Disposant à nouveau de près de 15% du tonnage pétrolier mondial en 1950, les armateurs se sont alors lancés dans une période d'intense construction de navires spécialisés, sous l'impulsion de la finance internationale et de la croissance des trafics pétroliers, sortis notamment des gisements du Moyen Orient. Les échanges maritimes de pétrole (produits dérivés inclus) ont effectivement pratiquement triplé en une décennie (360 millions de tonnes en 1955, plus d'un milliard de tonnes en 1966). Ils atteignent une pointe record en 1973 (1,8 milliard de tonnes), avant de stagner à un niveau élevé jusqu'en 1979, date du record absolu de toute l'histoire pétrolière. Dans ce contexte, la flotte marchande norvégienne disposait toujours de 8,5% du tonnage mondial au 30 juin 1973 et même du dixième du tonnage pétrolier, exprimé en port en lourd. Elle avait en commande près de 12% du tonnage mondial, devant des flottes comme celles du Japon, du Royaume-Uni ou de la Grèce. Le pavillon a finalement culminé en valeur absolue en 1976, avec 27,5 millions de t.j.b. dont 15,4 de tonnage pétrolier. Remise en cause par les bouleversements des deux chocs pétroliers de 1973-1974, puis de 1979-1980, qui ont été marqués par des désarmements massifs de navires, des faillites retentissantes et pour finir un effondrement des tonnages, la position des armateurs s'est alors reconfigurée au profit de la production norvégienne d'hydrocarbures.

On est ici au cœur de l'adaptabilité norvégienne, car les armateurs ont en effet très vite compris les enjeux du contexte international de l'énergie, marqué par une volatilité, jusqu'alors inconnue, des prix du pétrole. En période de basse conjoncture, soulignée par des prix faibles, il était impossible de songer à l'essor rapide de l'*offshore*, dont les coûts de production étaient notoirement plus élevés que ceux des pétroles conventionnels. Il était donc logique d'investir dans le transport pétrolier international, le gigantisme des *tankers* permettant de limiter le coût du transport à la tonne kilomètre. À l'inverse, en période de hausse des prix du pétrole, les ressources non conventionnelles devenaient rentables, entraînant derrière elles l'essor d'une flotte de service pour le montage et l'exploitation des installations en mer. D'où le mouvement de balancier qui s'est esquissé dans les décisions d'investir du *shipping* entre le transport pétrolier traditionnel et les équipements nécessaires à l'*offshore*. Par ailleurs, on a très vite compris que l'évolution des prix restait contenue par les besoins de rentabilité des nouveaux pétroles américains, provenant du golfe du Mexique et surtout d'Alaska, les grands régulateurs du marché mondial, l'Arabie Saoudite notamment, se chargeant de maintenir les prix dans des limites raisonnables, pour ne pas descendre trop bas, ce qui aurait eu pour effet de déstabiliser les « nouveaux pétroles », et pour éviter l'envolée des prix, ce qui, à terme, aurait étouffé la demande mondiale. Il y avait donc dans ce contexte particulier, une sorte d'assurance pour les investisseurs à ne jamais être durablement et profondément contestés dans leurs choix stratégiques, même si le caractère mouvant de la conjoncture entraînait à court terme l'instabilité des prix d'affrètement des navires, et par conséquent des désarmements temporaires ou une dépréciation de la valeur des matériels flottants (Strømme-Svendsen, 1978). C'est ainsi qu'il faut comprendre l'intégration de la Norvège dans le marché mondial de l'énergie, sa ressource pesant moins que ses moyens pour y accéder.

Le contexte très actuel des années 2020 permet de nourrir des réflexions identiques. En effet, le recours aux énergies marines renouvelables et non carbonées ouvre des perspectives de redéploiement, suggérées largement par les progrès des technologies *offshore*. Dès lors, l'annonce fracassante des pouvoirs publics d'atteindre à terme 30 000 MW en mer, soit la puissance actuelle des installations de l'hydraulique terrestre, devient un horizon très alléchant pour le *shipping*. Par ailleurs, la Norvège est entourée de pays qui ont fait le pari de l'énergie éolienne en mer (Royaume-Uni, Danemark, Allemagne…). De nouveaux marchés se sont donc ouverts et depuis quelques années, les armateurs se sont lancés dans l'acquisition de navires de soutien à la construction et à l'exploitation des éoliennes en mer, voire des câbliers de pose et d'entretien des réseaux électriques, ce qui, par ricochet, ouvre des perspectives très intéressantes pour l'industrie de la construction navale. Par ailleurs, le transport international des hydrocarbures se recompose rapidement. Alors que l'essor du raffinage dans les pays producteurs de pétrole explique la croissance des échanges de produits raffinés aux dépens du pétrole brut, ce même pétrole se trouve contesté par le gaz naturel, réputé moins polluant, en particulier pour ses faibles émissions de particules fines lors de sa combustion. Or, les échanges de gaz restaient jusqu'à présent très largement dépendants des réseaux de gazoducs, dans un contexte de voisinage entre producteurs et consommateurs (les trois quarts des échanges de gaz en 2004 utilisaient des gazoducs, la partie de la production mondiale faisant l'objet d'échanges internationaux étant limitée au quart seulement du total extrait). En revanche, la tendance récente, encouragée encore par le découplage entre l'Union européenne et la Russie, est d'ouvrir plus largement le gaz à des échanges de taille mondiale. De plus, se sont ajoutés aux exportateurs traditionnels de gaz par mer (Indonésie, Malaisie, Algérie, Australie), de nouveaux partenaires, avec la poussée des exportations du golfe Persique (du Qatar en particulier) et des États-Unis, grâce au développement de leurs gaz de schiste à partir du début des années 2010, ce qui n'est pas sans conséquences pour l'environnement de l'espace américain et pour la géopolitique mondiale de l'énergie (Charley, 2016 ; Carroué, 2022). Cela suppose évidemment de solliciter une flotte de plus en plus nombreuse de méthaniers, convoyant à basse température le gaz sous forme liquide. Au total, les échanges de gaz naturel liquéfié ont connu un essor remarquable (5 milliards de m^3 en 1973, 84 milliards en 1993, 178 milliards de m^3 en 2004, plus de 410 milliards de m^3 en 2017). Convertis en tonnes, ces échanges ont légèrement dépassé les 400 millions de tonnes en 2023, ce qui représente plus de la moitié des échanges gaziers, conduites incluses. Les États-Unis arrivent dorénavant en tête des exportations gazières par mer (près de 85 millions de tonnes), devant l'Australie et le Qatar. La Russie, grâce à ses expéditions arctiques, se maintient en quatrième position. Il est vrai que les expéditions russes par conduites sont gravement perturbées, en raison des mesures de rétorsion européennes et du sabotage d'origine mystérieuse des gazoducs *Nordstream* en Baltique. Pour le transport maritime du gaz dont l'origine n'est pas si ancienne (on peut la faire remonter au milieu des années 1960 avec les premières rotations entre Arzew en Algérie et Canvey Island au Royaume-Uni), il y a donc des opportunités imprévues susceptibles de rentabiliser les indéniables progrès techniques de la filière (augmentation de la taille des méthaniers, recours à une propulsion mixte associant le fioul au gaz embarqué, regazéification à même le navire permettant d'éviter les terminaux terrestres de regazéification, selon la technologie des FSRU, *Floating Storage and Regazeification Units*). S'ajoute à ces considérations techniques la capacité du transport maritime à se plier à la flexibilité des échanges qui concorde parfaitement avec les engagements à court terme qui se développent entre les partenaires de l'énergie sur le marché mondial du gaz naturel. En effet, les gazoducs ont pour conséquence d'imposer des relations pérennes entre producteurs et consommateurs sur des marchés à long terme, ce qui n'est pas le cas des méthaniers, dont les voyages peuvent évoluer selon les opportunités du moment. Il convient dès lors de relever l'intérêt des armateurs « indépendants » pour les méthaniers, dès lors qu'ils peuvent s'immiscer entre les groupes gaziers, toujours prompts à sous-traiter les activités de transport qui ne sont pas au cœur de leur métier, et les banques internationales, en recherche de partenaires fiables pour la gestion des navires dans lesquels elles souhaitent investir. C'est exactement le cas des armateurs norvégiens dont l'investissement dans les flottes gazières prend des dimensions spectaculaires. Ils contrôlaient déjà 4,5% de leur capacité mondiale de transport en 2017 et ils poursuivent leur engagement au cours des dernières années. Une compagnie comme Knutsen, a su démarcher les banques pour acquérir une véritable armada gazière, sous divers pavillons, dont le pavillon français depuis 2022. Alors que cette compagnie était très profondément engagée dans le transport pétrolier au service des champs *offshore* (avec l'exploitation des pétroliers navettes, conjointement avec le japonais NYK), elle a rapidement investi le secteur gazier avec des filiales espagnole, puis française (Knutsen LNG France). Cette dernière a reçu son premier navire durant l'été 2022 et elle devrait disposer de 26 méthaniers d'ici 2026 ! Ces navires modernes, construits en Corée, sont tous affrétés à long terme et sont financés selon la formule du crédit-bail auprès de banques françaises.

L'aventure hydrocarbonée de la Norvège plonge donc ses racines au cœur de son histoire contemporaine grâce au *shipping*. La découverte d'hydrocarbures sur le plateau continental fut loin d'être une surprise pour des acteurs qui avaient le pétrole en tête depuis des décennies. Reste la population qui n'a pas du tout la même approche de l'énergie que cette minorité d'acteurs « éclairés ». Certes, cette population a bien conscience de l'articulation nécessaire entre le « dedans » et le « dehors » et sa remarquable et très partagée maîtrise de la langue anglaise en est un des signes le plus tangibles. Mais elle reste très soucieuse de son identité qu'elle assimile pour l'essentiel à un attachement viscéral à la « Nature », une bonne partie de cette nature étant encore à l'état brut. On s'explique alors la relative apathie de la population à l'égard de l'économie *offshore*, dans la mesure où elle ne touche qu'assez peu à la nature vicinale et que ses effets délétères restent difficilement perceptibles. Paradoxalement, les résistances sociétales à l'équipement énergétique se sont cristallisées sur les énergies renouvelables, hydroélectricité d'abord, énergie éolienne ensuite, parce que leurs captures affectaient directement la nature du « dedans », l'offshore restant par définition du « dehors ». Ce n'est qu'assez récemment que les enjeux du « dehors », réchauffement climatique en tête, ont émergé dans la conscience collective et font de l'énergie l'une des questions centrales des débats politiques du « dedans ». Pendant longtemps, ces enjeux ont été surmontés par une coordination raisonnée du « dedans » et du « dehors » sur le plan économique. Reste le plan environnemental qui est plus complexe, car le plan économique est de l'ordre des organisations et des réglementations, alors que celui de l'environnement est surtout de l'ordre des représentations.

Notes

[19] Il s'agit ici des statistiques d'émission territoriale proposées par la base EDGAR (*Emissions Database for Global Atmosphere Research*) qui prennent en compte les rejets dans l'atmosphère du dioxyde de carbone, du méthane, du protoxyde d'azote et des gaz fluorés, hors UTCATF (utilisation des terres, changement d'affectation des terres et foresterie). Selon ces sources, le Monde a émis plus de 53 milliards de tonnes de GES eq. CO_2 en 2021 contre près de 33,5 milliards en 1990 et 24,7 en 1970, avec un notable basculement des lieux principaux d'émission. Alors que les États-Unis étaient de loin les principaux émetteurs en 1970 (5,8 milliards de tonnes), ils ont réussi à stabiliser leurs émissions à partir du début du XXIe siècle (leurs émissions en 2021 étaient pratiquement équivalentes à celles de 1970). En revanche, la Chine est passée de 2,1 milliards de tonnes en 1970 à plus de 15,3 milliards en 2021. Pour cette source documentaire, la Norvège

est passée de 56,7 millions de tonnes en 1970 à 73,2 en 2021 (la France a fait un cheminement inverse : de plus de 639 millions de tonnes en 1970, elle est descendue à 422 en 2021).

[20] Un roman de Per Hansson, paru en 1967 en Norvège (*Hver tiende mann måtte dø*, *Un homme sur dix doit mourir,* selon le titre français traduit en 1991) relate cet épisode douloureux de la marine marchande norvégienne.

Bibliographie

-Aase T.H., 1986. « Absorbing heavy industry in marginal areas. The prospect of petroleum development in Northern Norway », Oslo, *Norsk Geografisk Tidsskrift*, vol. 40, n°4, p. 179-185.

-Ahlmann HW., ed., 1976. *Norden i tekst og kort*, P. Haase og Söns Forlag, 116 p.

-Alexandersson G., 1971. *Les pays du Nord*, Magellan, PUF, Paris, 312 p.

-Angelvy B., 1988. « Les supply ships, au service du pétrole offshore », *Chasse-Marée*, n°33, p. 2-19.

-Audiguier P., 2015. « Regards critiques sur 25 ans de libéralisation des marchés de l'électricité en Europe », *La Revue de l'Energie*, n°623.

-Ayoub A., 1991. *Norway, Oil and Foreign Policy*, Oslo, Cappelens Forlag, 140 p.

-Battail J.-F., Boyer R. et Fournier V., 1992. *Les sociétés scandinaves de la Réforme à nos jours*, Paris, PUF, 596 p.

-Battail J.-F., 2005. *Les destinées de la Norvège moderne (1814-2005),* Paris, ed. Michel de Maule, Territoires du Septentrion, 180 p.

-Bourgeois B. et Martin J.M., 1991. « Le pétrole se substitue au pétrole : les effets du progrès technologique sur la production pétrolière », *Revue de l'Energie*, n°432, p. 519-525.

-Boeng A.Ch., Holstad M., 2013. *Fakta om energi : utviklingen i energibruk i Norge*, (*Faits et chiffres sur l'énergie : l'évolution de l'utilisation de l'énergie en Norvège*), SSB, 55 p.

-Carré F., 1978. « L'exploitation des hydrocarbures en mer du Nord et ses conséquences sur les littoraux », Poitiers, *Norois*, n°99, p. 382-406.

-Carroué L., 2022. « La révolution du gaz et du pétrole de schiste aux États-Unis : enjeux technologiques, territoriaux et géostratégiques », *Géoconfluences*, ENS-Lyon.
-Chabot G., 1958. *L'Europe du Nord et du Nord-Ouest*, tome second : *Finlande et pays scandinaves*, Paris, Orbis, PUF, 371 p.
-Chardonnet J., 1988. « Les hydrocarbures offshore », *Géographie et Recherche*, n°67, p. 3-85 et n°68, p. 47-81.
-Charley Ph. A., 2016. « Le Gaz Naturel Liquéfié américain pourra-t-il concurrencer à terme les marchés gaziers russes ? », *La Revue de l'Energie*, n° 633.
-CNUCED, 2018. *Étude sur les transports maritimes*, UNCTAD/RMT/2018, Genève, Nations unies, 112 p.
-Colliard C.A., 1979. « Droit de la mer et exploitations pétrolières offshore », Paris, *Annales de Géographie*, n°486, p. 156-178.
-Courme B., 2012. « Gaz de schiste. Quels défis ? », *La Revue de l'Energie*, n° 606.
-Duruisseau K., 2014. « L'émergence du concept de transition énergétique. Quels apports de la géographie ? » *Bulletin de la Société Géographique de Liège*, 63 (2014/2-Varia, URL : https://popups.liege.be: 443/0770-7576/index.php ?id=3932
-Epstein G., 1987. « Le contrat de Troll, enjeu et portée », *Revue de l'Energie*, n° 390, p. 89-95.
-Faugli P.E., 1994. « The Aurland catchment area. The watercourse and hydropower develoment », Oslo, *Norsk Geografisk Tidsskift*, vol. 48, p. 3-7.
-Gallais-Bouchet A., 2015. « Les émissions de gaz par les navires. L'alternative GNL, mais à quelles conditions ? », S*ynthèse*, n° 171, Saint-Nazaire, 4 p.
-Garreau J., 1969. « Les industries navales en Norvège », Poitiers, *Norois*, n°62, p. 227-244.

-Gjessing J., dir., 1977. *Norges Geografi,* Oslo, Unversitetsforlaget, 439 p.
-Groizeleau V., 2011. « En Norvège, au pays des UT », *Mer et Marine*, www.meretmarine.com
-Guilcher A., 1982. « Grands traits structuraux et morphologiques de la mer du Nord et de la mer d'Irlande », Paris, *Annales de Géographie*, n°503, p. 3-13.
-Fol J.-J., 1978. *Les pays nordiques aux XIX et XXe siècles*, Paris, Nouvelle Clio, 327 p.
-Guillaume J., 1996. « Les hydrocarbures *offshore*, une alternative au shipping en Norvège » Oslo, *Norsk Geografisk Tidsskrift*, vol. 50, p. 215-223.
-Guillaume J., 1997. « L'exploitation des hydrocarbures offshore : une rupture dans la continuité pour les littoraux norvégiens », actes du colloque international Littoral 95, Nantes, *Les Cahiers Nantais*, n°47-48, p. 211-216.
-Guillaume J., 2020. « Nature exploitée, environnement protégé, les paradoxes énergétiques de la Norvège, Paris, *Annales de Géographie*, n°736, p. 131-149.
-Guillaume J., 2021. « Les industries de la construction et des équipements navals en Norvège, entre mondialisation intégrale et enracinement local », Rennes, *Norois*, n°261, p. 59-78.
-Guillaume J., 2022. *La Norvège, un pays prospère aux marges de l'Europe*, sur compte d'auteur, guillaume-puisegur.aj@orange.fr, 143 p.
-Guillaume J., 2024. « Sous pression de la géopolitique de l'énergie, la Norvège, tiraillée entre ses intérêts et ses convictions », *Géoconfluences*, ENS-Lyon.
-Haarr A., 1982. *I oljens tegn, norsk økonomi i oldealderens første fase (l'économie norvégienne dans la première phase de l'époque pétrolière),* Oslo, Tanum, 128 p.

-Haland A, Faugli P.E., 1994. « the Aurland hydropower development ; its impact on nature and the environment, Oslo, *Norsk Geografisk Tidsskift*, vol. 48, p. 81-84.
-Hansen J. Ch., 1983a. « Les tendances industrielles en Norvège », Poitiers, Norois, n°117, p. 5-20.
-Hansen J. Ch., 1983b. « Regional Policy in an Oil economy : the case of Norway », *Geoforum*, 14, p. 353-361.
-Haraldsen T., 1998. « Industrial complexes, receiver comptence and national systems of innovations. The case of Norwegian offshore industry », Oslo, *Norsk Geografisk Tidsskift,* vol. 52, p. 195-207.
-Helseth A., Mellbye C.S., Jakobsen E.W. , 2018. *Norwegian Maritime Equipment Suppliers, key performance indicators and future expectations*, Norsk Industri, federation of Norwegian Industries, 31 p., www.menon.no/wpcontent/upload/Maritimeequipmetnsuppliers2018.pdf
-Hjorthol L.M., 2006. *Alta-kraftkampen som utfordret statens makt* (*Le combat d'Alta qui a défié le pouvoir de l'État*), Oslo, Gyldendal, 208 p.
-Hodne E., 1981. *An Economic History of Norway, 1815-1970*, Oslo, Tapir, 549 p.
-Hungnes H., Strøm B., Anestad T.K., 2021. *Ringvirkninger av petroleumsnaeringen i norsk økonomi*, (*Les répercussions de l'activité pétrolière dans l'économie norvégienne*), SSB, 19 p.
-Holt-Jensen A., 1981. « The Norwegian Oil Economy », *Geojournal*, n°3, p. 81-92.
-I.E.A., 2017. *Energy Policies of IEA Countries, Norway Review*, 164 p., www.iea.org
-Innovation Norway, 2019. *Nøkkeltall cruise 2017-2018. En oversikt over norsk cruisenaering.*
-Jacob A., 2011. Norvège. L'émergence d'une puissance pétroéthique,

Grande Europe, n°29,, www.ladocumentationfrancaise.fr,
-John B.S., 1984. *Scandinavia, a new geography*, London, Longman, 365 p.
-KLIF, 2010. *Climate Cure 2020 : Measures and Instruments for Achieving Norwegian Climate Goals by 2020.*
-Lanthiez A., 2006. « Quelles perspectives pour le transport maritime de GNL ? » *Synthèse* n°85, Saint-Nazaire, Isemar, 4 p.
-Lieberman S., 1970. *The industrialization of Norway, 1800-1920*, Oslo, Universitetsforlaget, 222 p.
-Lorieux C., 1979. *Les aventuriers de la mer du Nord*, Paris, Hachette, 269 p.
-Marchand J.P., Riquet P. dir., 1996. *Europe du Nord, Europe médiane*, Paris-Montpellier, Belin-Reclus, 480 p.
-Martray J., 1977. *A qui appartient l'océan*, Paris, EMOM, 373 p.
-Mead WR, 1958. *An economic geography of the Scandinavian States and Finland*, University Press, London, 302 p.
-Mead WR, 1981. *An Historical Geography of Scandinavia*, Academic Press, London, 313 p.
-Mead WR, Hall W., 1972. *Scandinavia*, Thames and Hudson, London, 208 p.
-Mer J., 1996. « La Norvège, entre tradition et ouverture », *Notes et Études documentaires*, n°5043, La Documentation française, 156 p.
-Mérenne-Schoumaker B., 2011. *Géographie de l'énergie : acteurs, lieux et enjeux*, deuxième ed., Paris, Belin, 279 p.
-Mérenne-Schoumaker B., Meyer T., 2019. La Scandinavie, un modèle de transition énergétique ? *Géoconfluences*, ENS-Lyon.
-Midgaard J., 1974. *Histoire de Norvège*, Oslo, Tanum, 153 p.

-Ministry of Petroleum and Energy, 2014. *Facts on Norwegian Petroleum Sector*, 77 p., regjeringen.no
-Ministry of Petroleum and Energy, 2015. *Facts on Energy and Water Resources in Norway*, 83 p., regjeringen.no
-Navestad K.E., Henriksen D.E., 2017. « Energy Law in Norway, recent development in the Norwegian energy market », *The Energy Handbook*, Herbert Smith Freehills, 15 p.
-Norwegian Maritime Authority, 2017. *Pollution from ships in fjord areas with heavy cruise traffic,* report 5, 40 p.
-NOU,1978. *Skipsbygginsindustrien*, Universitetsforlaget, 48 p.
-NRF, 2015. *Norske Offshorerederier*, 19 p. www.rederi.no
-NRF, 2019. *Årsrapport*, 15 p., www.rederi.no
-OCDE, 2001. *Examen des performances énergétiques. Norvège*, Paris, 223 p.
-OCDE, 2011. *Examen des performances énergétiques. Norvège*, Paris, 243 p.
-Pedersen C.B., Bakke H.A., dir., 2013. *La Norvège et l'or de la mer*, Presses universitaires de Caen, 146 p.
-OECD, 2017. *Peer review of the Norwegian shipbuilding industry*, 71p. www.oecd.org/sti/shipbuilding
-Oiry A., 2017. *Une transition énergétique sous tension ? Contestation des énergies marines renouvelables et stratégies d'acceptabilité sur la façade atlantique française,* thèse de géographie, Université de Paris 1, 437 p.
-Pinard J., 1982. « Les industries électrométallurgiques et électrochimiques en Norvège », *Annales de Géographie*, n° 504, p. 155-172.
-Poiret A., 2024. « L'essor touristique sur le temps long d'un site aujourd'hui inscrit au patrimoine mondial, le

fjord de Geiranger (Norvège) », *Géoconfluences,* ENS-Lyon.
-Simonsen M., Gössling S., Walnum H.T., 2019. « Cruise ship emissions in Norwegain waters. A Geographical Analysis », *Journal of Transport Geography*, vol. 78, p. 87-97
-Sjøholt P., 1996, « The Norwegian North Sea Petroleum Industry. Development, trends and impacts », Oslo, *Norsk Geografisk Tidsskrift*, vol. 50, p. 225-240.
-Sjøholt P. et Vatne E., 2012. « Understanding the role of services in the globalization process : the case of Norway », Oslo, *Norsk Geografisk Tidsskrift*, vol. 66, p. 99-112.
-Sjøtun S.G., 2019. « A ferry making waves : a demonstration project « doing » institutional work in a greening maritime industry », Oslo, *Norsk Geografisk Tidsskrift,* vol. 73, p. 16-28.
-Sömme A. ed., 1968. *A Geography of Norden*, Oslo, Cappelens Forlag, 343 p
-Squires S. 1975. « The impact of North Sea Oil in Norway and Scotland », Oslo, *Norsk Geografisk Tidsskrift*, vol . 29, p. 133-140.
-Squires S., 1977. « Patterns of recruitment to the oil industry in Norway », *Geoforum*, 8-4, p. 201-218.
-SSB, 1978. *Historisk Statistikk*, Oslo, 650 p.
-SSB, 2009. *Natural Resources and the Environment 2008*, 262 p.
-SSB, 2013. *Statistical Yearbook of Norway*, Oslo, 397 p.
-SSB, 2020. *This is Norway*, 90 p., en ligne, ssb/no/en/norge
-Stenstadvold K., 1977. « Regional and Structural effects of the North Sea Oil in Norway », *Geojournal*, n°1, p. 71-93.
-Strømme-Svendsen A., 1978. « Skipsfartskonjunkturene i 1970-årene », *Sjøfartshistorisk Årbok*, p. 205-244.

-Susbielles G., 1985. « Les plates-formes pétrolières en mer », *La Recherche*, n°164, p. 318-329.
-Tourret P., Gallais-Bouchet A., 2012. « Les énergies marines renouvelables, quels enjeux maritimes et portuaires ? », *Synthèse* n° 147, Saint-Nazaire, Isemar, 4 p.
-Tourret P., 2018. « Les nouvelles dimensions du marché du GNL », *Synthèse* n° 205 ; Saint-Nazaire, Isemar, 4 p.
-Underthun A., Kristoffersen B., 2011. « Petroleum related regional develoment in Norway : the possibilities and paradoxes of internationalization, Oslo, *Norsk Geografisk Tidsskrift,* vol. 65, p. 189-190.
-Valero C., 2018. « Les émissions du transport maritime : questions économiques et technologiques », *Synthèse*, n° 204, Saint-Nazaire, Isemar, 4 p.
-Varjo U., Tietze W. ed., 1987. *Norden, Man and Environment*, Gebrüder Borntraeger, Berlin, Stuttgart, 535 p.
-Vernet J., 2017. *Les énergies renouvelables*, huitième ed., QSJ, Paris, PUF.
-Ågotnes H.J., Heiret J., 2017. « The Norwegian shipbuilding industry after 1945 » in Varela R., Murphy H. et van der Linden M., ed., *Shipbuilding and Ship Repair Workers around the World, Case Studies 1945-2000*, Amsterdam Univ. Press, p. 165-192.
-Ågotnes H.J., Heiret J., 2019. « The Shipbuilding industry in Norway and the rise of the Aker group », *Anuario Centro Estudios Economicos de la Empresa y el Desarollo*, 11 (12), p. 315-350.
-Ånensen T., Holstad M., 2018. *Tilgang og anvendelsen av elektrisitet i perioden 1993-2017, (Fourniture et consommation d'électricité dans la période 1993-2017)*, Oslo, SSB, rapport 16, 29 p.

Sites documentaires en ligne

bp.com
connaissancedesenergies.com
energifaktanorge.no
enerdata.fr
equinor.com
iea.org
lemarin.ouest-france.fr
meretmarine.com
miljodirektoratet.no
norskpetroleum.no
oecd.org
rederi.no
regjeringen.no
sodir.no
ssb.no
statkraft.com
statistiques.developpement-durable.gouv.fr
unctad.org

Table des figures

Table des planches

Table des tableaux

Table des matières

Structures éditoriales du groupe L'Harmattan

L'Harmattan Italie
Via degli Artisti, 15
10124 Torino
harmattan.italia@gmail.com

L'Harmattan Hongrie
Kossuth l. u. 14-16.
1053 Budapest
harmattan@harmattan.hu

L'Harmattan Sénégal
10 VDN en face Mermoz
BP 45034 Dakar-Fann
senharmattan@gmail.com

L'Harmattan Cameroun
TSINGA/FECAFOOT
BP 11486 Yaoundé
inkoukam@gmail.com

L'Harmattan Burkina Faso
Achille Somé – tengnule@hotmail.fr

L'Harmattan Guinée
Almamya, rue KA 028 OKB Agency
BP 3470 Conakry
harmattanguinee@yahoo.fr

L'Harmattan RDC
185, avenue Nyangwe
Commune de Lingwala – Kinshasa
matangilamusadila@yahoo.fr

L'Harmattan Congo
219, avenue Nelson Mandela
BP 2874 Brazzaville
harmattan.congo@yahoo.fr

L'Harmattan Mali
ACI 2000 - Immeuble Mgr Jean Marie Cisse
Bureau 10
BP 145 Bamako-Mali
mali@harmattan.fr

L'Harmattan Togo
Djidjole – Lomé
Maison Amela
face EPP BATOME
ddamela@aol.com

L'Harmattan Côte d'Ivoire
Résidence Karl – Cité des Arts
Abidjan-Cocody
03 BP 1588 Abidjan
espace_harmattan.ci@hotmail.fr

Nos librairies en France

Librairie internationale
16, rue des Écoles
75005 Paris
librairie.internationale@harmattan.fr
01 40 46 79 11
www.librairieharmattan.com

Librairie des savoirs
21, rue des Écoles
75005 Paris
librairie.sh@harmattan.fr
01 46 34 13 71
www.librairieharmattansh.com

Librairie Le Lucernaire
53, rue Notre-Dame-des-Champs
75006 Paris
librairie@lucernaire.fr
01 42 22 67 13

www.ingramcontent.com/pod-product-compliance
Lightning Source LLC
LaVergne TN
LVHW021228061026
849535LV00008B/2968
* 9 7 8 2 3 3 6 4 8 1 3 3 3 *